MANUAL DEL ENTRENADOR DE TAEKWONDO

»»»»»»»»»»*Julio A. CRUZ*««««««««««

Copyright © Julio A. Cruz (2024)
Todos los derechos reservados
"Manual del Instructor De Taekwondo" ®
ISBN: 9798326650009

DEDICATORIA

Gracias a mi esposa Sandra, mis hijos Matías y Santiago por haberme acompañado toda la vida en esta pasión por la práctica, enseñanza y difusión del Taekwondo. A mi madre Rosario que siempre me tuvo fe y con gran esfuerzo le costó formarme.

AGRADECIMIENTOS

Agradezco profundamente a mis alumnos antiguos y actuales por siempre incentivarme a seguir aprendiendo para darles lo mejor. A todos los padres que confiaron y que confían sus hijos/as en la enseñanza que imparto desde hace 27 años, a todos los que siempre me apoyaron directa e indirectamente, también a los que ponen palos en la rueda, sin ellos es imposible no querer seguir superándome para ser un verdadero profesional del deporte.

"Los espíritus afiebrados por algún ideal son adversarios de la mediocridad: soñadores contra los utilitarios, entusiastas contra los apáticos, generosos contra los calculistas, indisciplinados contra los dogmáticos."

José Ingenieros

ÍNDICE

1 CAPÍTULO 1: INTRODUCCIÓN 20

   1.1   Objetivos para el instructor 23

   1.2   Importancia de la práctica deportiva y el Taekwondo en el Desarrollo Infantil 24

   1.3   Mirada Crítica de la Historia y Actualidad 27

2 CAPÍTULO: HISTORIA DEL TAEKWONDO Y SU EVOLUCIÓN AL OLIMPISMO 30

   2.1   Historia Creación de Kukkiwon y Camino al Olimpismo 30

   2.2   Beneficios físicos y psicológicos de la práctica del Taekwondo para Niños 32

   2.3   Principios y Valores de la práctica deportiva y el Taekwondo 40

   2.4   Valores a destacar que le da al alumno la práctica deportiva: 42

   2.5   Ejemplo de frases motivadoras para el gimnasio 43

   2.6   Pensando en las finanzas del instructor 45

   2.7   Las redes sociales son un arma de doble filo 50

   2.8   El lado oscuro 51

   2.9   Ciberacoso y Conducta Tóxica 52

   2.10   Desinformación y Noticias Falsas 53

   2.11   Adicción y Problemas de Salud Mental 53

   2.12   Beneficios físicos para compartir: 54

   2.13   Beneficios psicológicos para publicar en nuestros grupos sociales y redes: 55

   2.14   Principios y Valores de la práctica deportiva y el Taekwondo 56

2.15 Principios del Taekwondo más usados por diferentes federaciones: 56

3 CAPÍTULO 3: METODOLOGÍA DE ENSEÑANZA 58

3.1 Enfoque Pedagógico 58

3.2 Técnicas Adaptadas de Enseñanza para Niños 60

3.3 Cuadro comparativo: Desarrollo Integral vs. Competencia 63

3.4 Opinión del autor 65

3.5 Manejo de Grupos y Dinámicas de Clase 67

3.6 Normas y expectativas claras 68

3.7 Adaptación de Técnicas según la Edad 69

3.8 Niños de 4 a 6 años 70

3.9 Niños de 7 a 10 años 71

4 CAPÍTULO 4: ESTRUCTURA DE LA CLASE DE TAEKWONDO FORMATIVO 72

4.1 Cuadro comparativo de las edades formativas 72

4.2 Ejemplo de una Clase para Precompetitivos 73

4.3 Calentamiento y Estiramientos 74

4.4 Calentamiento General 75

4.5 Estiramientos Dinámicos 75

4.6 Planificación de clases 76

4.7 Objetivos a Corto y Largo Plazo 77

4.8 Periodización 77

4.9 Adaptación Individual 78

4.10 Ejercicios de Técnica Básica 78

4.11 Patadas Básicas 80

4.12 Bloqueos y Golpes 80

4.13 Juegos y Actividades Lúdicas 80

4.14 Ejercicios de Enfriamiento y Relajación 82

5 CAPÍTULO 5: TÉCNICAS BÁSICAS DEPORTIVAS (KIORUGUI) DEL TAEKWONDO 84

5.1 Posición de Combate 84

5.2 Patadas Básicas de Pateo 85

5.3 Utilización de Puños y Bloqueos 87

5.4 Combinación y Métodos de Enseñanza 88

6 CAPÍTULO 6: DESARROLLO FÍSICO Y MENTAL 92

6.1 Entrenamiento para la Mejora de la Flexibilidad y Coordinación 92

6.2 Ejercicios para mejorar la flexibilidad: 93

6.3 Ejercicios para mejorar la coordinación: 93

6.4 Fomento de la Disciplina y Concentración Mediante el Mindfulness 94

6.5 Beneficios del mindfulness: 95

6.6 Técnicas de mindfulness: 96

6.7 Introducción a las Neurociencias del Deporte 96

6.8 Áreas clave de estudio: 97

6.9 Perspectiva sobre el talento y disciplina 97

6.10 Construcción de la Confianza y Autoestima 99

6.11 Estrategias para construir confianza y autoestima 100

6.12 Actividades prácticas para el instructor: 100

6.13 Cómo Gestionar la Motivación y el Esfuerzo Continuo 102

6.14 Mantener el esfuerzo continuo: 103

7 CAPÍTULO 7: EVALUACIÓN Y PROGRESO ... 106

7.1 Metodología de Evaluación de Alumnos ... 106
7.2 Enfoques de evaluación: ... 106
7.3 Herramientas de evaluación: ... 107
7.4 Diferentes criterios para el avance de cinturón 108
7.5 Criterios comunes: ... 109
7.6 Procedimientos de evaluación: ... 110
7.7 Seguimiento y Registro del Progreso ... 110
7.8 Métodos de seguimiento: ... 111
7.9 Importancia del registro ... 112
7.10 El Feedback y Retroalimentación Después de un Examen o Competencia ... 112
7.11 Tipos de devoluciones: ... 113
7.11.1 Estrategias para dar feedback: ... 114

8 CAPÍTULO 8: COMPETENCIA Y EXHIBICIONES PARA EDADES TEMPRANAS ... 116

8.1 Preparación Técnica para Competencias ... 117
8.2 Enfoques de Preparación Técnica ... 117
8.3 Prácticas simuladas ... 118
8.4 Entrenamiento Lúdico ... 119
8.5 Progresión ... 119
8.6 Importancia del Enfoque Integral ... 120
8.7 Adaptación Psicológica ... 121
8.8 Fortalecimiento Físico ... 122
8.9 La Reglamentación en las Competencias ... 122
8.10 Aspectos Clave de la Reglamentación ... 123
8.11 Seguridad y Protección ... 124

8.12 Ética y Juego Limpio 125

8.13 Participación Equitativa, No Influir en el abandono del deporte 126

8.14 Reglas 128

8.15 Conocimiento del Reglamento 130

9 CAPÍTULO 9: SEGURIDAD Y PREVENCIÓN DE LESIONES EN TAEKWONDO 132

9.1 Normativas de Seguridad en el *Dojang* 132

9.2 Importancia de las Normativas de Seguridad 133

9.3 Elementos Clave de las Normativas de Seguridad 134

9.4 Inspección Regular del *Dojang* 135

9.5 Protocolo de Entrada y Salida 136

9.6 Normas de conducta 137

9.7 Conocimientos en Primeros Auxilios Básicos 138

9.8 Principales Componentes de los Primeros Auxilios 139

9.9 Control de Hemorragias 140

9.10 Manejo de Fracturas y Esguinces 141

9.11 Manejo de Conmociones Cerebrales 141

9.12 Tratamiento de Cortes y Abrasiones 142

9.13 Materiales de Primeros Auxiliares Básicos: 143

9.14 Otros Elementos Esenciales: 145

9.15 Formación en Primeros Auxilios 145

9.16 Equipamiento de Protección 146

9.17 Importancia del Equipamiento de Protección ... 146

10 CAPÍTULO 10: RECURSOS 148

10.1　Herramientas y Materiales Didácticos y Visuales 148

10.2　Tipos de Herramientas Didácticas 149

10.3　Presentaciones y Pósteres 149

10.4　Libros y Artículos Recomendados 150

10.5　Libros Recomendados: 150

10.6　Artículos Recomendados: 151

10.7　Videos y Tutoriales en Línea 152

10.8　Plataformas de Videos y Tutoriales 152

10.9　Ejemplos de Videos y Tutoriales Recomendados 153

10.10　Enlaces a Organizaciones de Taekwondo 154

10.11　Algunas Organizaciones Nacionales 155

11　CAPÍTULO 11: PUNTOS CLAVES EXPERIENCIA EMPÍRICA 158

11.1　Resumen de Puntos Clave 158

11.2　Seguridad y Prevención de Lesiones 159

11.3　Utilización de Recursos Educativos 159

11.4　Reflexión sobre el Papel del Entrenador y su Relación con los Padres y Familiares de Alumnos 160

11.5　Colaboración con los Padres y Familiares 161

11.6　Estrategias para una Comunicación Efectiva 162

11.7　Experiencia Personal 163

11.8　El Futuro en el Desarrollos en la Enseñanza del Taekwondo 168

11.9　Enfoque sobre el Desarrollo Mental y Emocional 169

11.10　Promoción de la Inclusión y la Diversidad 170

11.11 Conclusión empírica 170
12 CAPÍTULO 12: ANEXOS 174
12.1 Glosario de Términos de Taekwondo que debe saber el Alumno e Instructor: 174
12.2 Formatos de Registro y Evaluación 186
12.3 Programa traducido de examen de *Gup* de Gran Bretaña 187
12.4 El programa de examen de *Gup* de Estados Unidos 191
12.5 Registro de Asistencia 196
12.6 Evaluación 197
13 CAPÍTULO 13: DETECCIÓN DE TALENTOS DEPORTIVOS 198
13.1 Fundamentos de la Detección de Talentos 199
13.2 Factores Biológicos y Genéticos 200
13.3 Salud y Estado Físico General 201
13.4 Factores Psicológicos 201
13.5 nteligencia Emocional 202
13.6 Factores Socioculturales 203
13.7 Apoyo Familiar y Social 204
13.8 Recursos y Acceso a Instalaciones 205
13.9 Apoyo económico del Estado 206
13.10 El acceso a instalaciones deportivas de calidad, con profesionales formados 208
13.11 Diferencia entre Educación Física y Entrenamiento Deportivo: 209
13.12 Formación en Pedagogía versus Técnica de Entrenamiento: 209

13.13　Métodos de Detección de Talentos 213

13.14　Programas de Desarrollo de Talentos 214

13.15　Importancia del Seguimiento y Evaluación Continua 215

14　BIBLIOGRAFÍA: 218

1 Capítulo 1: Introducción

El Manual del Instructor de Taekwondo se diseñó cuidadosamente para atender las necesidades y capacidades de los niños. Un enfoque pedagógico adecuado, técnicas adaptadas, manejo efectivo de grupos, creación de un entorno de aprendizaje positivo y efectivo.

Al implementar estas estrategias, los instructores pueden ayudar a los niños a desarrollar habilidades físicas, cognitivas y sociales de manera integral, fomentando una pasión duradera por el Taekwondo y el apego a la práctica deportiva.

Otorgará herramientas didácticas que ayuden en la enseñanza del Taekwondo es muy difícil, en muchos de los casos los escritores son muy teóricos, por lo que al llevar al contexto de cada instructor se hace muy difícil de aplicar, entonces, entramos en el error de solo enseñar con el único método aprendido.

Con este manual se dejará una ayuda basada en la experiencia y por supuesto con sustento bibliográfico.

La modernización y crecimiento abismal del Taekwondo WT en el mundo, transformándolo en uno de los deportes olímpicos de combate más practicado en el mundo ha logrado sobrepasar las líneas del arte marcial tradicional.

Si se comprende al taekwondo como parte de la ciencia del deporte, entonces está compuesto por el rendimiento (mediano y alto), biomecánica, fisiología, y aspectos pedagógicos, sobre el cuerpo humano y la actividad motriz. En todos los deportes de rendimiento comenzaron a tener mucha relevancia estudios sobre la mente y la energía, los ejercicios de meditación, visualización y respiración han sido absorbidos y reinterpretados dentro de la psicología deportiva.

Esto produce la desmitificación del arte marcial. La discrepancia de estas ideas con el deporte es tal, que incluso algunos organismos que intentaban promulgar las ideas filosófico-religiosas del taekwondo comienzan a prescindir de ellas.

Así por ejemplo la propia Federación Mundial (WT) eliminó de su página web en el año 2016 cualquier mención a las religiones, y lo mismo ha sucedido con la Asociación Coreana de Taekwondo. Es aquí donde los entrenadores nacen como un nuevo pilar en el desarrollo del Taekwondo como deporte.

MANUAL DEL INSTRUCTOR DE TAEKWONDO

1.1 Objetivos para el Instructor

Primeramente adquirir un conocimiento basado en la ciencia de la historia del taekwondo y su evolución hasta convertirse en un deporte olímpico es el paso inicial para no tener perspectivas disruptivas [1], saber implementar técnicas pedagógicas adaptadas a la edad de los alumnos, asegurando que el aprendizaje sea accesible

---

[1] Poseer una visión errónea de lo que se pretende nos llevará a tener objetivos que quizás jamás podamos cumplir.

y comprensible, desarrollar y ejecutar planes de entrenamiento estructurados que incluyan calentamiento, práctica técnica, juegos y actividades lúdicas, promover el desarrollo físico, mental y emocional de los niños a través de ejercicios y actividades diseñadas específicamente para ellos, inculcar valores como la disciplina, el respeto, la resiliencia y el autocontrol en los alumnos, crear un ambiente positivo y motivador que fomente la participación activa y el entusiasmo de los niños, fomentar el respeto, la comunicación e incentivo de los padres para la participación directa o indirecta en el desarrollo deportivo de sus hijos/as. son objetivos alcanzables para los lectores de este trabajo.

1.2 Importancia de la práctica deportiva y el Taekwondo en el Desarrollo Infantil

La práctica deportiva es una actividad fundamental en mantenerse activos. Participar en deportes organiza la vida de los niños, fomenta hábitos saludables, y les ayuda a desarrollar habilidades esenciales que beneficiarán sus vidas a largo plazo. La Organización Mundial de la Salud (OMS) recomienda que los niños y adolescentes realicen al menos 60 minutos de actividad física moderada a vigorosa diariamente (OMS, 2010). La práctica deportiva regular contribuye significativamente al desarrollo muscular y esquelético de los niños.

Actividades como correr, saltar y lanzar fortalecen los músculos y huesos, promoviendo un crecimiento saludable. Según la Academia Americana de Pediatría (AAP), el ejercicio físico regular durante la infancia es crucial para el desarrollo de huesos fuertes, lo que puede prevenir problemas óseos en la edad adulta, como la osteoporosis (AAP, 2006). La práctica del Taekwondo es una actividad esencial para el desarrollo integral de los niños y jóvenes. Los beneficios físicos, psicológicos, sociales y educativos del deporte son vastos y significativos. Es crucial que la familia compuesta por los padres y las comunidades apoyen, fomenten la participación deportiva desde la iniciación deportiva.

Al hacerlo, estamos preparando a nuestros niños no solo para ser deportistas exitosos, sino por sobre todo ciudadanos honorables con cultura del esfuerzo para lograr sus metas.

1.3 Mirada Crítica de la Historia y Actualidad

Con el advenimiento de la era del conocimiento y también de la confusión, debemos ser cautos al momento de aprender y no entrar en adoctrinamientos por parte de pseudos maestros que solo buscan un redito monetario en la creación de adeptos a su escuela. Porque el Taekwondo "vende", esto lo vieron los primeros precursores del Taekwondo, como el cuestionado Choi Hong Hi (fundador del estilo ITF) quien escribió en su enciclopedia Taekwon-do "Arte de la autodefensa" que el Taekwondo tenía su origen Antes de Cristo, lo cual ya está comprobado que no es así[2], por otra parte, otro personaje pero tan importante como Choi en la historia del Taekwondo, fue Hun Yong Kim (creador de Kukkiwon - 1972), fue vicepresidente del COI y cuestionado político, fue clave en el ingreso del Taekwondo WT en los JJOO, lo cual desarrolló abismalmente ,el TKD – Deporte, reunió a los Kwanes y creo la Kukkiwon, la sede central del Taekwondo WT, con una arquitectura añeja, queriendo aparentar un histórico origen. Actualmente vemos con continuidad instructores, Maestros, de diferentes estilos diciendo que el Taekwondo "original, tradicional es, fue y será lo mejor". Por otro lado, vemos una cantidad de

---

[2] En el año 1955 un grupo de Maestros de escuela encabezado por en aquel entonces el Gral. CHOI Hong Hi decidieron por un nombre que unificaría las escuelas "Tae kwon do", Guillis (2005).

escuelas, instructores-entrenadores, asociaciones, y hasta federaciones nacionales totalmente despreocupados de lo que dice o haga Kukkiwon, tanto del ámbito federado como del no organizado (ITF, STF, ATF, etc.).

2 CAPÍTULO: HISTORIA DEL TAEKWONDO Y SU EVOLUCIÓN AL OLIMPISMO

KUKKIWON Y CAMINO AL OLIMPISMO

Un 30 de noviembre del año 1972 de la mano del aquel entonces Presidente de la Asociación Coreana de Taekwondo KIM Un Yong se inaugura en Seul Corea la única cede Central del Taekwondo WT "Kukkiwon", esta sede se encarga de otorgar las certificaciones a nivel mundial de grados de DAN (Cintos Negros), esta entidad funciona en forma aleatoria a la World Taekwondo, única entidad mundial que reconoce el Comité Olímpico Internacional.

El objetivo principal de KIM Un Yong como impulsor y fundador fue unir los *Kwan* que formaron el Taekwondo para fortalecer y estandarizar en un solo estilo los Taeguk, Poomsae y Kiorugui, lo que tardó décadas, siendo de gran ayuda para el Kiorugui (Lucha) ser reconocidos como Deporte Oficial Olímpico, y al Poomsae, también resurgiendo como práctica tradicional y deportiva, gracias a la comunicación global mediante las diferentes herramientas que hoy los practicantes podemos contar para estar actualizados y nivelados con el resto del mundo.

Primera Aparición Olímpica: El Taekwondo hizo su debut como deporte de demostración en los Juegos Olímpicos de Seúl 1988 y Barcelona 1992.

Deporte Olímpico Oficial: En los Juegos Olímpicos de Sídney 2000, el Taekwondo se incluyó oficialmente como deporte olímpico, consolidando su prestigio y reconocimiento global.

2.2 Beneficios físicos y psicológicos de la práctica del Taekwondo para Niños

El deporte también tiene un impacto positivo en el sistema cardiovascular de los niños. Actividades aeróbicas como el ciclismo, la natación y el fútbol aumentan la capacidad cardiovascular, mejoran la circulación y fortalecen el corazón. Estudios han demostrado que los niños activos tienen menores riesgos de desarrollar enfermedades cardiovasculares en el futuro (Strong et al., 2005).

En la era actual, donde la obesidad infantil es una preocupación creciente, el deporte desempeña un papel crucial en el control del peso corporal. La actividad física ayuda a quemar calorías, aumenta el metabolismo y desarrolla una composición corporal saludable. La investigación sugiere que los niños que participan regularmente en deportes tienen menos probabilidades de sufrir sobrepeso u obesidad (Janssen & LeBlanc, 2010).

El deporte puede tener un profundo impacto en la autoimagen y la confianza de los niños. Participar en actividades deportivas y alcanzar metas proporciona una sensación de logro y competencia. Según un estudio publicado en la revista "Pediatrics", la participación en deportes está relacionada con una mayor autoestima y menor ansiedad en los niños (Eime et al., 2013). El Taekwondo ofrece una plataforma ideal para el desarrollo de habilidades sociales. A través del trabajo en equipo, los niños aprenden a comunicarse, cooperar y resolver conflictos de manera efectiva. Estas habilidades son fundamentales para la interacción social en otros contextos, como la escuela y el hogar (Bailey et al., 2005).

El deporte es una herramienta eficaz para la reducción del estrés y la ansiedad. Participar en deportes libera endorfinas, conocidas como las "hormonas de la felicidad", que ayudan a reducir el estrés y mejorar el estado de ánimo. Un estudio realizado por la Universidad de Michigan encontró que los niños que practican deportes regularmente tienen menores niveles de estrés y depresión (Zarrett et al., 2008).

El deporte enseña a los niños la importancia del trabajo en equipo y la cooperación. En deportes colectivos, los niños deben trabajar juntos para alcanzar un objetivo común, lo que fomenta el respeto mutuo y la comprensión. Este aprendizaje es crucial para su desarrollo social y profesional en el futuro (Smith et al., 2009). La práctica del Taekwondo ofrece a los niños la oportunidad de integrarse socialmente y sentir un sentido de pertenencia a un grupo. Esto es importante para aquellos niños que pueden sentirse excluidos o marginados. Participar en un equipo deportivo puede proporcionar un entorno inclusivo y de apoyo (Fraser-Thomas et al., 2005). Otro gran beneficio que nos da la integración de los alumnos en es el Desarrollo de Liderazgo A través del deporte, los niños pueden desarrollar habilidades de liderazgo, una de las prácticas acertadas y más utilizadas por los instructores es otorgar la responsabilidad a los alumnos más avanzados tarea de mostrar las técnicas a ejecutar, ejercicios de entrada en calor o la enseñanza a sus compañeros de los *Taeguk,* etc.

Al asumir roles de liderazgo dentro de un equipo, aprenden a tomar decisiones, motivar a otros y asumir responsabilidades. Estas habilidades son transferibles a otros aspectos de la vida y son esenciales para el éxito personal y profesional (Gould & Voelker, 2010). Mejora del Rendimiento Académico, existe una fuerte correlación entre la actividad física y el rendimiento académico. El ejercicio regular no solo mejora la salud física, sino que también mejora la concentración, la memoria y las habilidades cognitivas. Un estudio publicado en "The Journal of Pediatrics" encontró que los niños que participan en deportes tienen un mejor rendimiento académico en comparación con aquellos que no lo hacen (Singh et al., 2012).

Desarrollo de la Disciplina y la Responsabilidad, el Taekwondo inculca disciplina y responsabilidad en los niños. La necesidad de asistir a los entrenamientos regularmente, seguir instrucciones y trabajar para mejorar habilidades personales fomenta la autodisciplina y el sentido de responsabilidad.

Estas cualidades son fundamentales para el éxito académico y personal (Martens, 2004). Establecimiento de Metas y Perseverancia, la práctica deportiva enseña a los niños la importancia de establecer metas y trabajar duro para alcanzarlas. Este proceso de establecimiento y logro de metas fomenta la perseverancia y la resiliencia, habilidades que son esenciales para superar desafíos tanto en el deporte como en la vida (Locke & Latham, 2002).

Los padres actúan como modelos a seguir para sus hijos. Al mostrar un interés activo en el deporte y mantener un estilo de vida saludable, los padres pueden influir positivamente en las actitudes y comportamientos de sus hijos hacia la actividad física (Sallis et al., 2000). También los maestros, instructores y entrenadores son modelos a seguir, debemos tener sumo cuidado con lo que transmitimos y decimos a los niños en edades formativas, las palabras pueden marcar para toda la vida.

Un alumno en formación solo debe disfrutar del deporte, la presión por los logros la tendrá a su debido tiempo, esto lo debemos entender y hacer entender a los padres.

MANUAL DEL INSTRUCTOR DE TAEKWONDO

El peor error que comentemos los instructores es creer que todo el que entra por la puerta del *dojang*  (도장 – gimnasio o lugar de entrenamiento) es y será un gran competidor, y si no lo es, lo convertiremos en tal y cual nuestra expectativa. Este pensamiento es muy habitual y erróneo, después de haber tropezado con la piedra más de cien veces me di cuenta que no es así, nuestras expectativas no son las mismas que la de nuestros alumnos y mucho menos la de los padres, me explayaré en el último capítulo de este libro con la evidencia científica y vivencias que me convencieron de cambiar la perspectiva.

2.3 Principios y Valores de la práctica deportiva y el Taekwondo

Para ser un Entrenador exitoso, ¿qué grado de Dan debemos tener? Todos sabemos que eso no importa, sino la preparación académica para llevar a cabo diferentes programas de entrenamiento, al igual que los entrenadores también pasa entre los deportistas, cuando entraste o entró un alumno al octágono en un evento "G", no te hará ganar el grado rendido o tramitado, sino las horas de dedicación en el entrenamiento y preparación académica del entrenador.

Esto se debe a que lo deportivo superó el origen. ¿antes de abrir una escuela alguien se pregunta quién es el fundador del fútbol, vóley, básquet, lucha olímpica? Si bien no son lo mismo, pero creo que son proporcionalmente comparables porque también son deportes olímpicos. ¿En las artes marciales realmente inculcamos disciplina?, no hay que mentir y decir que solo las artes marciales lo hacen, acaso un campeón olímpico de halterofilia, natación, fútbol, vóley, etc. ¿no tiene disciplina? ¿No reconoce a su entrenador? ¿no saluda cuando llega?, son preguntas obvias para darse cuenta que no debemos alterar la realidad, los alumnos, deportistas, discípulos, respetan e imitan a su entrenador y/o Maestro, respetan su formación, trayectoria y logros, por eso nos eligen.

El respeto, lealtad. Esfuerzo, disciplina, etc. lo inculca la familia, no desde 6 horas semanales en un gimnasio, eso es una falacia que debemos modificar, no podemos implementar una cultura oriental en este lado del mundo occidental, pero sí, modificar malos hábitos inculcándolos desde el Doyang. Lo cual los podemos plasmar en forma escrita en carteles, en nuestro logo, en una frase que defina la escuela, etc.

2.4 Valores a destacar que le da al alumno la práctica deportiva:

Disciplina: La práctica regular y el cumplimiento de reglas y normas.

Respeto: A los compañeros, entrenadores, oponentes y a uno mismo.

Responsabilidad: Ser responsable de las propias acciones y decisiones.

Trabajo en equipo: Colaborar y ayudar a los demás para lograr objetivos comunes.

Esfuerzo: Dar el máximo en cada entrenamiento y competencia.

MANUAL DEL INSTRUCTOR DE TAEKWONDO

2.5 Ejemplo de frases motivadoras para el gimnasio

Estas frases pueden servir para imprimir y dejarlas exhibirlas en el *dojang*:

- "No hay atajos para llegar a un lugar que valga la pena."

- "La diferencia entre lo ordinario y lo extraordinario es ese pequeño extra."

- "No te límites. Muchas personas se limitan a lo que creen que pueden hacer. Puedes ir tan lejos como tu mente te permita."

-"El éxito no es la clave de la felicidad. La felicidad es la clave del éxito. Si amas lo que haces, tendrás éxito."

- "Tu cuerpo puede soportar casi cualquier cosa. Es tu mente la que tienes que convencer."

- "No se trata de tener tiempo, se trata de hacer tiempo."

- "Los desafíos son los que hacen la vida interesante y superarlos es lo que hace la vida significativa."

- "No importa qué tan lentos vayas, siempre y cuando no te detengas."

- "El dolor que sientes hoy será la fuerza que sientas mañana."

- "La diferencia entre querer y lograr es la disciplina."

2.6 Pensando en las finanzas del instructor

La difusión de actividades deportivas a través de las redes sociales es una herramienta poderosa para atraer participantes, informar a la comunidad y promover el deporte. A continuación, se presentan los elementos clave a considerar al publicar contenido en redes sociales y otras plataformas de comunicación.

Demografía: Edad, género, ubicación geográfica.

Intereses: Preferencias deportivas, tipos de contenido que consumen.

Comportamiento en Línea: Horarios de mayor actividad, plataformas más utilizadas.

Categorías: Padres de alumnos, potenciales practicantes, entrenadores, miembros de la comunidad.

Personalización: Adaptar el mensaje según el segmento de audiencia.

Educativo: Tutoriales, consejos de entrenamiento, información sobre beneficios del deporte.

Informativo: Noticias sobre eventos, cambios en horarios, anuncios importantes.

Entretenimiento: Videos de competencias, entrevistas con atletas, momentos destacados.

Imágenes y Videos: Alta calidad, uso de gráficos y animaciones.

Infografías: Información clara y visualmente atractiva.

Historias: Utilizar funciones de historias en plataformas como Instagram y Facebook para contenido efímero y dinámico.

Consistencia: Mantener un estilo y tono coherente en todas las publicaciones.

Respuestas Rápidas: Responder a comentarios y mensajes directos de manera oportuna.

Encuestas y Preguntas: Involucrar a la audiencia mediante encuestas y preguntas.

Concursos y Desafíos: Crear concursos relacionados con el deporte para aumentar la participación.

Historias de Éxito: Compartir historias de éxito de participantes para inspirar a otros.

Calendario de Contenidos: Planificar las publicaciones con anticipación para asegurar una presencia constante.

Horarios Óptimos: Publicar en los horarios de mayor actividad de la audiencia.

Regularidad: Publicar regularmente sin abrumar a la audiencia.

Diversificación: Variar el tipo de contenido para mantener el interés.

Anuncios Dirigidos: Utilizar herramientas de segmentación para anuncios pagados en plataformas como Facebook e Instagram.

Promociones Especiales: Ofrecer promociones y descuentos exclusivos a través de redes sociales.

Colaboraciones: Asociarse con influencers y otras organizaciones deportivas.

Cross-Promoción: Promover actividades en colaboración con otros eventos y entidades.

Métricas: Seguimiento de métricas clave como el alcance, la participación y las conversiones.

Informes: Generar informes regulares para evaluar el desempeño.

Ajuste de Estrategias: Modificar las estrategias de contenido en base a los resultados obtenidos.

Pruebas A/B: Realizar pruebas para identificar qué tipos de contenido funcionan mejor.

Eventos Locales: Promover y cubrir eventos deportivos locales.

Voluntariado: Fomentar la participación de voluntarios en eventos y actividades.

Valores: Resaltar los valores del deporte como la disciplina, el respeto y la cooperación.

Historias de Impacto: Compartir cómo el deporte ha impactado positivamente en la comunidad.

2.7 LAS REDES SOCIALES SON UN ARMA DE DOBLE FILO

La presencia en redes sociales permite a los instructores construir y mantener una imagen profesional. Esto incluye compartir logros, eventos y testimonios de alumnos que reflejan su competencia y dedicación. Una participación coherente y profesional en redes sociales ayuda a establecer credibilidad y confianza entre los estudiantes, padres y la comunidad. Publicar contenido relevante y de calidad demuestra conocimientos y compromiso con el desarrollo profesional.

La coherencia y profesionalismo en la comunicación en redes sociales son fundamentales para ganar la confianza del público" (Kietzmann et al., 2011).

2.8 El lado oscuro

Problemas de privacidad

La privacidad es una gran preocupación en las redes sociales. La cantidad de información personal que los usuarios comparten puede ser explotada por terceros para fines comerciales o incluso delictivos. Las violaciones de datos y el uso indebido de la información personal son problemas comunes (Acquisti & Gross, 2006).

Para el instructor es importante tener una cuenta escolar y una personal en donde pueda interactuar con amigos y familiares, no se recomienda interactuar con alumnos menores de edad. Al menos que los mismos padres soliciten lo contrario con autorización escrita.

2.9 Ciberacoso y Conducta Tóxica

El anonimato y la falta de consecuencias inmediatas en las redes sociales han facilitado el ciberacoso y la conducta tóxica. Los usuarios pueden ser víctimas de ataques verbales, amenazas y humillación pública (Patchin & Hinduja, 2006). Este tipo de cuestiones es muy común entre los adolescentes.

2.10 Desinformación y Noticias Falsas

Las redes sociales pueden ser un caldo de cultivo para la desinformación y las noticias falsas. La velocidad a la que se difunden las noticias en estas plataformas puede hacer que la información incorrecta se vuelva viral antes de que sea verificada (Vosoughi, Roy, & Aral, 2018).

2.11 Adicción y Problemas de Salud Mental

El uso excesivo de las redes sociales puede llevar a la adicción y a problemas de salud mental, como la ansiedad, la depresión y la baja autoestima. Los usuarios pueden volverse dependientes de la validación y la aprobación en línea, lo que afecta su bienestar emocional (Andreassen et al., 2016).

2.12 Beneficios físicos para compartir:

Estos beneficios también pueden ser compartidos en formato de infografías en las redes sociales, grupos, etc., los padres de alumnos no buscan introducir a los alumnos en un deporte organizado olímpico, llevan a sus hijos porque quieren que aprendan defensa personal y esto les aporte disciplina:

Mejora de la condición física: Aumenta la resistencia cardiovascular, la fuerza muscular y la flexibilidad.

Coordinación y equilibrio: Desarrolla la coordinación motora y el equilibrio corporal.

Agilidad y rapidez: Mejora los reflejos y la agilidad, facilitando movimientos rápidos y precisos.

Salud general: Promueve hábitos de vida saludables, reduciendo el riesgo de enfermedades relacionadas con el sedentarismo.

2.13 BENEFICIOS PSICOLÓGICOS PARA PUBLICAR EN NUESTROS GRUPOS SOCIALES Y REDES:

Confianza en sí mismos: Aumenta la autoestima y la confianza en las propias habilidades.

Disciplina y autocontrol: Fomenta la disciplina y el autocontrol, habilidades esenciales tanto dentro como fuera del *dojang* (lugar de práctica).

Manejo del estrés: Ayuda a los niños a manejar la ansiedad y el estrés a través de la práctica regular y el enfoque mental.

Respeto y cortesía: Inculca valores de respeto y cortesía, esenciales para una convivencia armoniosa.

Socialización: Facilita la interacción con otros niños, promoviendo la amistad y el trabajo en equipo.

2.14 Principios y Valores de la Práctica Deportiva y el Taekwondo

El Taekwondo no es solo un deporte, sino también una filosofía de vida que promueve el desarrollo integral de sus practicantes a través de principios y valores fundamentales.

2.15 Principios del Taekwondo más usados por diferentes federaciones:

Cortesía *(Ye Ui)*: Respetar a los demás, mostrar modales y comportarse adecuadamente.

Integridad *(Yom Chi)*: Ser honesto y tener fuertes principios morales.

Perseverancia *(In Nae)*: Mantenerse constante y no rendirse ante las dificultades.

Autocontrol (*Guk Gi*): Mantener el control de las emociones y el comportamiento.

Espíritu Indomable (*Baekjul Boolgool*): Ser valiente y mantener la firmeza frente a la adversidad.

3 CAPÍTULO 3: METODOLOGÍA DE ENSEÑANZA

Poseer una metodología de enseñanza bien definida es esencial para cualquier instructor. No solo proporciona estructura y consistencia en el proceso de aprendizaje, sino que también mejora la efectividad y eficiencia del entrenamiento, fomenta el desarrollo integral del alumno, y refuerza el profesionalismo y la credibilidad del instructor. En resumen, una metodología de enseñanza clara y bien implementada es la base sobre la cual se construye un programa de entrenamiento exitoso y efectivo.

3.1 Enfoque Pedagógico

El enfoque pedagógico en la enseñanza del Taekwondo debe considerar las características específicas del desarrollo infantil, así como las mejores prácticas educativas que promuevan el aprendizaje efectivo y el disfrute del deporte. La pedagogía moderna enfatiza el aprendizaje activo y el desarrollo integral del niño, integrando tanto aspectos físicos como psicológicos y sociales.

El constructivismo es uno de los enfoques pedagógicos más utilizados en la educación infantil. Según Jean Piaget, los niños construyen su propio conocimiento a través de la interacción con el entorno y la resolución de problemas (Piaget, 1952). En el contexto del Taekwondo, esto implica diseñar actividades que permitan a los niños explorar y descubrir técnicas y movimientos por sí mismos, facilitando un aprendizaje más profundo y significativo.

Otro enfoque relevante es el aprendizaje cooperativo, que enfatiza el trabajo en equipo y la colaboración ya resaltada en los beneficios psicológicos. Vygotsky (1978) destacó la importancia de la interacción social en el aprendizaje, sugiriendo que los niños aprenden mejor cuando trabajan juntos y se ayudan mutuamente. En las clases de Taekwondo, esto se puede implementar a través de ejercicios en pareja y actividades grupales que fomenten la cooperación y el apoyo mutuo.

3.2 Técnicas Adaptadas de Enseñanza para Niños

El deporte de rendimiento en edades tempranas y los aspectos pedagógicos difieren significativamente en sus objetivos, métodos y el impacto en el bienestar de los jóvenes. Mientras que la pedagogía deportiva busca un desarrollo integral y equilibrado, el deporte de rendimiento tiende a priorizar los logros competitivos y el rendimiento máximo, a menudo a expensas del bienestar holístico[3] del atleta. La literatura y los estudios de autores como Pierre Parlebas, David Kirk, Mosston y Ashworth, y Jean Côté y John Gilbert, entre otros, subrayan estas diferencias y los desafíos que conllevan. Este tema se podrá analizar en la siguiente edición.

El instructor debe tener en claro que el rendimiento en edades temprana aporta más aspectos negativos que positivos, uno de los más graves es el abandono y lo peor que puede pasar es que el niño genere un aborrecimiento por el deporte, inclusive por el ejercicio.

La enseñanza del Taekwondo a niños requiere técnicas adaptadas que consideren su nivel de desarrollo físico y cognitivo. Estas técnicas deben ser dinámicas, interactivas y lúdicas para mantener el

---

[3] es un enfoque integral que busca equilibrar y armonizar todos los aspectos de la vida de una persona, promoviendo así una salud y una felicidad duraderas.

interés y la motivación de los niños. En simples palabras, el instructor debe utilizar el juego como la herramienta principal para el aprendizaje.

Juegos y actividades lúdicas: Incorporar juegos en la enseñanza del Taekwondo es esencial para captar la atención de los niños y hacer que el aprendizaje sea divertido. Según García (2015), los juegos predeportivos [4] ayudan a los niños a desarrollar habilidades motoras y técnicas básicas de manera entretenida y efectiva. Por ejemplo, juegos como "Eliminación" y "Captura la Bandera" pueden

---

[4] Por ejemplo, en Argentina se adapta el reglamento para los niños menores de 9 años que participen en torneos, una de las adaptaciones es grupos que realizan luchas con o sin contacto, otra es el quitar el contacto al cabezal.

adaptarse para incluir movimientos y técnicas de Taekwondo.

3.3 CUADRO COMPARATIVO: DESARROLLO INTEGRAL VS. COMPETENCIA

ASPECTO	DESARROLLO INTEGRAL	COMPETENCIA
Objetivo	Desarrollo equilibrado de todas las dimensiones del individuo	Maximización del rendimiento y logros específicos
Enfoque	Holístico: físico, emocional, social y cognitivo	Específico: rendimiento en una disciplina o área
Métodos	Diversificados y adaptativos, centrados en el individuo	Rígidos y sistemáticos, centrados en la especialización
Bienestar	Prioriza el bienestar general, incluyendo salud mental y emocional	Prioriza el éxito y los resultados, a veces a costa del bienestar
Evaluación	Progresos y crecimiento personal en múltiples áreas	Resultados y logros medibles, como marcas, puntos o victorias
Inclusión	Fomenta la participación de todos los individuos	Puede ser excluyente, enfocándose en los más talentosos

Impacto en la Salud	Equilibrio entre actividad física y salud mental/emocional	Riesgo de burnout, estrés y lesiones debido a la alta exigencia
Relaciones Sociales	Fomenta la colaboración, el trabajo en equipo y las relaciones positivas	Puede promover la competencia y rivalidad intensas
Motivación	Basada en el disfrute, el aprendizaje y el crecimiento personal	Basada en la consecución de objetivos y el reconocimiento
Flexibilidad	Flexible y adaptativo a las necesidades individuales	Estricto y menos adaptable, con énfasis en la repetición
Ejemplos de Aplicación	Programas educativos integrales, actividades extracurriculares variadas	Entrenamiento deportivo de élite, programas académicos de alta exigencia
Formación de Valores	Desarrolla valores como la empatía, la resiliencia y la ética	Enfatiza la competitividad, la ambición y la perseverancia
Resultados a Largo Plazo	Personas equilibradas, saludables y con habilidades diversas	Atletas o profesionales altamente competentes, a veces con sacrificio personal

Smith y Smoll (1996) destacan los riesgos asociados con la especialización.

3.4 Opinión del autor

en mis primeros años como instructor, habiendo recientemente tomado la decisión de dejar de competir, fue pensar que todos los alumnos que entraban a mi *dojang* querían luchar y competir como a mí me gustaba, excluía a los que no les gustaba el *Kiorugui* y centrándome solo en los posibles competidores, sin darme cuenta que cada uno de los alumnos que ingresa a aprender tiene diferentes objetivos, quizás solo jugar, aprender a patear como en las películas o bien solo escuchar a sus padres y solo intentar aprender técnicas para la autodefensa.

Existieron y seguirán existiendo entrenadores que priorizan el rendimiento y no el desarrollo integral del niño, son enfoques diferentes, pero tanto padres, alumnos y por sobre instructores deben tener conocimiento que rumbo están tomando y tener la capacidad de comunicarlo a padres y alumnos.

Ya existen torneos Mundiales de Menores (menores de 12 años) por lo tanto la especialización temprana es un hecho ineludible, por ejemplo, **Kerr, G. A., & Dacyshyn, A. (2000)** en su estudio observaron que la gimnasia artística es un deporte altamente competitivo que a menudo requiere una especialización temprana y un entrenamiento intensivo. Esto puede llevar a un enfoque en el rendimiento a expensas del desarrollo integral del niño.

Aprendizaje basado en tareas: Este enfoque implica dividir las técnicas complejas en tareas más pequeñas y manejables que los niños pueden dominar progresivamente. Silverman (1993) sugiere que este método es particularmente efectivo para enseñar habilidades motoras complejas, ya que permite a los niños concentrarse en un aspecto específico antes de integrarlo en una técnica completa.

3.5 Manejo de Grupos y Dinámicas de Clase

El manejo efectivo de grupos y la implementación de dinámicas de clase adecuadas son fundamentales para crear un ambiente de aprendizaje positivo y productivo. La organización de las sesiones y la gestión del comportamiento son aspectos clave en este proceso. Esto se puede realizar generando un ambiente lúdico para los alumnos más pequeños.

Organización del espacio y del tiempo: Es importante estructurar la clase de manera que los niños estén siempre activos y comprometidos. Según Siedentop (1991), un ambiente bien organizado reduce las distracciones y maximiza el tiempo de práctica. Dividir el espacio en estaciones de actividad y rotar a los niños entre ellas puede ser una estrategia efectiva para mantener la clase dinámica y organizada.

3.6 Normas y expectativas claras

Establecer y comunicar claramente las normas y expectativas desde el principio es esencial para el manejo del comportamiento. Hellison (2003) enfatiza la importancia de la responsabilidad personal y social en las clases de educación física, sugiriendo que los niños deben ser involucrados en la creación de las normas para fomentar su sentido de responsabilidad.

Ej. Realizar breves reuniones con los alumnos minutos previos a las clases para inculcar normas de comportamiento, sacarse el calzado antes de entrar, saludar al instructor y compañeros, etc.

Estrategias de refuerzo positivo: Utilizar el refuerzo positivo para reconocer y premiar el comportamiento adecuado y los logros de los niños es una técnica efectiva para mantener la motivación y la disciplina. Según Skinner (1953), el refuerzo positivo incrementa la probabilidad de que un comportamiento deseado se repita.

3.7 Adaptación de Técnicas según la Edad

No todos tienen la posibilidad de aprender y ejecutar un gesto técnico de la misma manera. Adaptar las técnicas de enseñanza según la edad de los niños es decisiva para asegurar que el contenido sea apropiado y accesible. Los niños en diferentes etapas de desarrollo tienen capacidades físicas y cognitivas distintas, lo que requiere ajustes en la metodología de enseñanza.

3.8 Niños de 4 a 6 años

En esta etapa, los niños están desarrollando habilidades motoras básicas y su capacidad de atención es limitada. Según Gallahue y Ozmun (2006), las actividades deben ser simples y centradas en movimientos fundamentales como correr, saltar y lanzar. Las técnicas de Taekwondo pueden introducirse de manera lúdica, utilizando cuentos y juegos que involucren movimientos básicos, así también, las técnicas a enseñar deben ser las más simples, se pueden enseñar los nombres, pero debemos hacer énfasis con que parte del pie se golpea y que trate de relacionar la posición de la palmeta con la posición del pie.

3.9 Niños de 7 a 10 años

A esta edad, los niños tienen una mayor capacidad de atención y coordinación motora. Pueden empezar a aprender técnicas más complejas y combinaciones de movimientos. Smith (2010) sugiere que los entrenadores deben enfocarse en la precisión y la técnica, introduciendo ejercicios más estructurados y desafiantes. Además, pueden incluirse elementos de competencia amistosa para motivar a los niños. En esta etapa ya se pueden introducir las primeras patadas básicas de Kiorugui por lo tanto la utilización de los pectorales se podrá hacer con más frecuencia.

4 CAPÍTULO 4: ESTRUCTURA DE LA CLASE DE TAEKWONDO FORMATIVO

4.1 CUADRO COMPARATIVO DE LAS EDADES FORMATIVAS

ASPECTO	CLASES PARA PREESCOLARES (3-5 AÑOS)	CLASES PARA NIÑOS PEQUEÑOS (6-8 AÑOS)
Duración de la Clase	30 minutos	45 minutos
Objetivos Principales	Introducción al Taekwondo, desarrollo de habilidades motoras básicas	Desarrollo de técnicas básicas de Taekwondo, disciplina y respeto
Estructura de la Clase	Juegos y actividades lúdicas que introducen movimientos básicos	Ejercicios estructurados, prácticas de técnicas básicas, juegos de cooperación
Técnicas Enseñadas	Movimientos básicos de puño y patada, posiciones sencillas	Patadas básicas (frontal, lateral), bloqueos simples, técnicas de equilibrio
Actividades Lúdicas	Juegos de coordinación y equilibrio, ejercicios con obstáculos	Juegos que fomentan la cooperación, competiciones amistosas
Beneficios para el Desarrollo	Mejora de la coordinación, equilibrio, y habilidades motoras básicas	Desarrollo de la concentración,

		disciplina, y habilidades sociales
Recompensas y Motivación	Pegatinas y pequeños premios por participación y esfuerzo	Cinturones y certificados de progreso, incentivos por logros alcanzados
Participación de los Padres	Observación y apoyo durante la clase, participación ocasional en actividades	Observación durante la clase, reuniones periódicas con los instructores

4.2 Ejemplo de una Clase para Precompetitivos

Calentamiento (5 minutos):
Juegos de movimiento (corre, salta, agáchate)
Estiramientos básicos

Técnica Básica (10 minutos):
Movimientos básicos de puño (golpes al aire)
Patadas simples (patada frontal con un pie)

Juego de Coordinación (10 minutos): Carrera de obstáculos suave, juegos de equilibrio con conos.

Enfriamiento y Recompensas (5 minutos): Estiramientos suaves con cambios de posición para evitar dispersión.

Ser sistemático no es lo mismo que repetitivo, utilizando diferentes ejercicios con un mismo fin será muy bueno para no entrar en una rutina que puede aburrir[5] a los alumnos.

4.3 Calentamiento y Estiramientos

El calentamiento es una fase esencial de cualquier sesión de Taekwondo, ya que prepara el cuerpo para la actividad física, aumentando la temperatura muscular y la circulación sanguínea, lo que ayuda a prevenir lesiones. Blázquez Sánchez (1990) explica que un calentamiento efectivo debe

---

[5] Lamentablemente muchos instructores usan la misma rutina en los calentamientos o aún peor, el mismo esquema de clase.

incluir ejercicios aeróbicos ligeros y estiramientos dinámicos para activar los principales grupos musculares.

4.4 Calentamiento General

Puede incluir actividades como trotar, saltar la cuerda o juegos de movimiento que aumenten la frecuencia cardíaca y la temperatura corporal, como por ejemplo la mancha, uno de los más usados en edades tempranas. En la actualidad ya existen mucha bibliografía, infografía y ejemplo de juegos en diferentes redes para aplicar en las clases. Pero todo a su tiempo y por sobre todo ordenadamente.

4.5 Estiramientos Dinámicos

Estos ejercicios deben enfocarse en mejorar la flexibilidad y movilidad de las articulaciones. Movimientos como balanceos de piernas, círculos de brazos y torsiones del tronco son esenciales para preparar los músculos y las articulaciones para la práctica del Taekwondo. De 4 a 7 años Los ejercicios de flexibilidad deben ser suaves y lúdicos, integrados en juegos y actividades que los niños disfruten. De 8 a 10 años Estiramientos dinámicos y actividades que promuevan la amplitud de movimiento, como yoga para niños, son recomendados

4.6 Planificación de clases

La planificación de las clases es crucial para asegurar un progreso consistente y evitar el estancamiento. Según Weinberg y Gould (2014), una buena planificación debe considerar los objetivos a corto y largo plazo, la periodización del entrenamiento y la adaptación a las necesidades individuales de los estudiantes.

4.7 Objetivos a Corto y Largo Plazo

Establecer metas claras para cada sesión y para el ciclo de entrenamiento ayuda a mantener el enfoque y la motivación. Por ejemplo, los objetivos a corto plazo pueden incluir la mejora de una técnica específica, mientras que los objetivos a largo plazo pueden abarcar el desarrollo general de habilidades y la preparación para competiciones.

4.8 Periodización

La estructuración del entrenamiento en ciclos permite una mejor adaptación y recuperación. Esto puede incluir fases de preparación, entrenamiento intensivo y recuperación en el caso de rendimiento, para practicantes las clases tienen que estar diseñada para alcanzar un objetivo mediante la lúdica.

4.9 A‌DAPTACIÓN INDIVIDUAL

Cada alumno tiene diferentes capacidades y necesidades, por lo que es importante adaptar las sesiones de entrenamiento para maximizar el aprendizaje y el desarrollo individual. En este ítem debemos enfatizaren los tiempos de trabajo y pausa para los alumnos en edades precompetitivos. Según Pellegrini, AD y Smith, PK (1993) los patrones de juego natural en los niños, que incluyen ráfagas de actividad intensa seguidas de descanso, son un reflejo de su desarrollo evolutivo y la manera en que interactúan socialmente y exploran su entorno.

4.10 EJERCICIOS DE TÉCNICA BÁSICA

Los ejercicios de técnica básica son cardinales en el Taekwondo y deben practicarse regularmente para perfeccionar la forma y la ejecución. Kim y Lee (2015) destacan la importancia de una repetición constante y correcta de los movimientos básicos como patadas, bloqueos y golpes. Aunque la repetición en su debida medida[6], ya que en la sociedad hispanoamericana la repetición continua y sistemática en los deportes no se estila ni se puede aplicar

En este apartado es sumamente importante aclarar que la idea de decir que es lo que se debe hacer técnicamente en una clase es muy subjetivo, cada instructor debe planificar y tener que buscar en cada clase, si apuntarla a aspectos tradicionalistas, deportivos o de adquisición de habilidades motoras.

---

[6] Tener en cuenta que no podemos hacer series de repeticiones de mucha cantidad, los niños al ser intermitentes se distraen fácilmente y pierden el foco.

4.11 Patadas Básicas

Incluyen técnicas como la patada frontal (*Ap Chagi*), la patada circular (*Dollyo Chagi*) y la patada lateral (*Yop Chagi*). Estos movimientos deben practicarse de manera controlada y con enfoque en la técnica adecuada según pueda el alumno.

4.12 Bloqueos y Golpes

Los bloqueos (*Makki*) y los golpes (*Chigi*) son igualmente importantes y deben integrarse en las sesiones de entrenamiento para desarrollar una defensa sólida y una ofensiva efectiva.

4.13 Juegos y Actividades Lúdicas

Incorporar juegos y actividades lúdicas en las clases de Taekwondo es vital para mantener el interés y la motivación de los niños. Según García

Ferrando (2000), los juegos predeportivos no solo hacen el entrenamiento más divertido, sino que también ayudan a mejorar las habilidades motoras y la cohesión del grupo.

Ejemplo: Patear globos con la consigna de solo usar el empine, talón, metatarso, nudillos, canto de mano, etc.

Juegos Predeportivos: Actividades como "Eliminación" y "Carrera de Relevos" pueden adaptarse para incluir elementos de Taekwondo, como patadas y esquivas.

Carreras en circuitos son muy utilizados actualmente en las clases de iniciación deportiva y educación física.

Actividades Lúdicas: Juegos como "Simón Dice" o "El Piso es Lava" pueden modificarse para practicar movimientos de

Taekwondo, lógicamente hay que tomarse el trabajo de modificar los cuadros del piso del doyang, proporcionando una manera divertida de mejorar la técnica y la coordinación.

4.14 Ejercicios de Enfriamiento y Relajación

También llamado vuelta a la calma, el enfriamiento es una parte crucial del entrenamiento, ayudando al cuerpo a recuperarse y reducir el riesgo de lesiones. Zatsiorsky y Kraemer (2006) sugieren que el enfriamiento debe incluir una disminución gradual de la intensidad del ejercicio y estiramientos estáticos como herramienta útil para bajar las pulsaciones y excitabilidad de los niños.

Enfriamiento General: Actividades de baja intensidad como caminar o realizar ejercicios suaves pueden ayudar a reducir la frecuencia cardíaca de manera gradual.

Estiramientos Estáticos: Estos estiramientos deben enfocarse en relajar y alargar los músculos trabajados durante la sesión. Mantener cada estiramiento durante 20-30 segundos puede ayudar a mejorar la flexibilidad y reducir la tensión muscular. Visión sumamente discutida por diferentes autores lo cual nos adentraremos en la próxima edición de este libro.

5 Capítulo 5: Técnicas Básicas Deportivas (Kiorugui) del Taekwondo

5.1 Posición de Combate

La posición de combate es básica en el Taekwondo, ya que proporciona un zócalo solidez y equilibrio desde la cual realizar técnicas ofensivas y defensivas. Según Choi (2000), la postura de combate debe ser estable pero flexible, permitiendo al practicante moverse rápidamente en cualquier dirección. La posición básica de combate (*Jumbi Jase*) incluye una postura ligeramente abierta con las rodillas ligeramente flexionadas, el peso del cuerpo distribuido uniformemente y las manos levantadas a la altura de la cara para protección. Este punto también es discutible en comparación de entrenadores de alto rendimiento que abordan posiciones y técnicas deportivas de rendimiento en edades tempranas.

5.2 Patadas Básicas de Pateo

Las patadas son una de las técnicas más distintivas y espectaculares del Taekwondo. Dominar las patadas básicas es esencial para cualquier practicante. Según Kim y Johnson (2002), las patadas deben practicarse con precisión y control para maximizar su efectividad y minimizar el riesgo de lesiones, pero esta acepción se refiere a edades en que comienzan la especialización deportiva.

Patada Frontal (*Ap Chagi*): Esta patada es una de las primeras que se enseñan debido a su simplicidad y eficacia. Se ejecuta levantando la rodilla hacia el pecho y extendiendo el pie hacia adelante en un movimiento de empuje. El alumno ejecutando esta primera patada comienza a generar una propiocepción en la técnica sabiendo que para ejecutarla debe flexionar, extender y flexionar manteniendo la postura corporal y equilibrio.

Patada Circular (Dollyo Chagi): Conocida también como patada de giro, esta técnica implica un giro de la cadera para generar poder, realizando flexión plantar golpeando con la parte superior del pie[7] (empeine)

Patada Lateral (*Yop Chagi*): Esta patada utiliza un movimiento lateral y se ejecuta levantando la rodilla y extendiendo la pierna hacia el costado, impactando con el talón.

---

[7] En la actualidad hay diversas concepciones de la técnica de pateo, muchos instructores comenzaron a confundir las patadas tradicionalistas y las deportivas llamándolas de la misma manera.

5.3 Utilización de Puños y Bloqueos

Los puños y bloqueos son igualmente cruciales en el Taekwondo, proporcionando las bases para una defensa sólida y una ofensiva directa. Lee y Ricke (1999) destacan que los practicantes deben entrenar tanto la velocidad como la precisión de sus golpes y bloqueos.

Golpe Recto (*Jireugui*): Este es un golpe directo con el puño, utilizado tanto en ofensiva como en defensiva. Se ejecuta desde una posición de combate, extendiendo el brazo hacia adelante y rotando ligeramente el puño al final del golpe para aumentar el impacto.

Bloqueo Alto (*Oleo Makki*): Utilizado para defenderse contra ataques a la cabeza, este bloqueo implica levantar el brazo hacia arriba mientras se rota el antebrazo para desviar el ataque.

Bloqueo Medio o zona media (*Momtong Makki*): Este bloqueo se utiliza para detener ataques al torso, posicionando el brazo frente al cuerpo en un ángulo adecuado para desviar el golpe.

5.4 Combinación y Métodos de Enseñanza

La combinación de técnicas y los métodos de enseñanza adecuados son esenciales para que los estudiantes de Taekwondo desarrollen habilidades completas y versátiles. Weinberg y Gould (2014) sugieren que las combinaciones deben ser prácticas y reflejar situaciones de combate realistas.

Para que esto sea posible el rol del instructor y la comunicación verbal tienen que ser fluida[8].

Combinaciones de Técnicas: Integrar diferentes técnicas en combinaciones fluidas ayuda a los practicantes a desarrollar coordinación y adaptabilidad. Por ejemplo, una combinación clásica puede ser la patada frontal seguida de un golpe recto y un bloqueo medio.

Métodos de Enseñanza: La instrucción efectiva requiere un enfoque estructurado y progresivo. Kim y Lee (2015) proponen el uso de repeticiones controladas, demostraciones visuales y retroalimentación continua para mejorar la técnica de los estudiantes. Además, el uso de equipos como almohadillas de

---

[8] Por ejemplo, no es lo mismo decir pateamos la palmeta con determinada técnica que decir "nos imaginamos que pateamos al cabezal".

golpeo y escudos puede ayudar a los estudiantes a practicar con mayor intensidad y precisión.

MANUAL DEL INSTRUCTOR DE TAEKWONDO

6 Capítulo 6: Desarrollo Físico y Mental

6.1 Entrenamiento para la Mejora de la Flexibilidad y Coordinación

El entrenamiento de la flexibilidad y la coordinación es fundamental para el desarrollo físico y mental de cualquier individuo, especialmente en el ámbito deportivo. La flexibilidad se refiere a la capacidad de los músculos y las articulaciones para moverse a través de su rango completo de movimiento sin dolor ni restricción. Por otro lado, la coordinación es la capacidad de realizar movimientos controlados y precisos mediante la integración eficaz de diferentes grupos musculares.

6.2 Ejercicios para mejorar la flexibilidad:

Estiramientos estáticos: Mantenga una posición de estiramiento durante 15-30 segundos.

Estiramientos dinámicos: Movimientos controlados que llevan los músculos y las articulaciones a través de su rango completo de movimiento.

Yoga: El saber no ocupa lugar, esta disciplina no solo mejoran la flexibilidad, sino que también promueven la fuerza y el equilibrio, saber algunas técnicas podrían ser un recurso para el instructor.

6.3 Ejercicios para mejorar la coordinación:

Ejercicios de equilibrio: Uso de tablas de equilibrio o ejercicios en una pierna.

Ejercicios de agilidad: Movimientos rápidos y precisos como saltos laterales y cambios de dirección.

Entrenamiento con pelotas: Lanzamiento y recepción de pelotas para mejorar la coordinación mano-ojo.

Muchas veces pedimos a los alumnos que hagan contacto controlado o que otras lo hagan pleno, justamente ahí nos debemos dar cuenta que no conocen el término medio, por lo cual mucho menos sabrán de control de la técnica.

6.4 Fomento de la Disciplina y Concentración Mediante el Mindfulness

El Mindfulness[9] es una práctica que se centra en la atención plena y consciente del

---

[9] Este concepto fue desarrollado y popularizado por Jon Kabat-Zinn. Kabat-Zinn es un profesor emérito de medicina de la Universidad de

momento presente. Esta práctica ha demostrado ser eficaz en el fomento de la disciplina y la concentración, habilidades cruciales para el rendimiento deportivo y académico.

6.5 Beneficios del mindfulness:

Reducción del estrés: El mindfulness ayuda a reducir la ansiedad y el estrés, mejorando así la concentración.

Mejora de la atención: La práctica regular de mindfulness entrena el cerebro para mantener la atención en el presente.

Desarrollo de la autodisciplina: A través de la atención

Massachusetts y el fundador del "Mindfulness-Based Stress Reduction" (MBSR) o "Reducción del Estrés Basada en la Atención Plena" consciente, los individuos aprenden a gestionar mejor sus impulsos y emociones.

6.6 Técnicas de Mindfulness:

Meditación guiada: Seguir instrucciones de una guía para centrarse en la respiración y el momento presente.

Escaneo corporal: Tomarse unos minutos para centrarse en las sensaciones de cada parte del cuerpo.

Mindfulness en movimiento: Integrar la atención plena en actividades físicas como caminar o correr.

6.7 Introducción a las Neurociencias del Deporte

Las neurociencias del deporte estudian cómo el cerebro y el sistema nervioso influyen en el rendimiento deportivo. Comprender estos mecanismos puede ayudar a optimizar el entrenamiento y mejorar los resultados en edades de especialización deportiva.

6.8 Áreas clave de estudio:

Plasticidad cerebral: La capacidad del cerebro para adaptarse y reorganizarse a través del entrenamiento y la experiencia.

Control motor: Cómo el cerebro planifica, ejecuta y ajusta los movimientos.

Motivación y recompensa: Los circuitos neuronales que regulan la motivación y el comportamiento dirigido a objetivos.

6.9 Perspectiva sobre el talento y disciplina

Algunos investigadores sostienen que ciertas habilidades deportivas están fuertemente influenciadas por factores genéticos. Según Ericsson,

Campe y Tesch-Römer (1993), el talento innato puede proporcionar una ventaja inicial en ciertas disciplinas deportivas. Los estudios sugieren que características físicas como la estructura muscular, la altura y la capacidad aeróbica pueden estar parcialmente determinadas por la genética, proporcionando una base sólida para el éxito en ciertos deportes.

Por otro lado, otros expertos argumentan que la disciplina y el entrenamiento constante son cruciales para alcanzar la excelencia deportiva. Malcolm Gladwell (2008), en su libro "Outliers", popularizó la idea de las 10,000 horas, sugiriendo que se necesita una práctica deliberada extensa para alcanzar el dominio en cualquier campo. Este concepto enfatiza que el esfuerzo sostenido y el entrenamiento estructurado pueden llevar a cualquier persona a niveles altos de rendimiento, independientemente de sus habilidades innatas.

La mayoría de los expertos en el campo del desarrollo deportivo adoptan una perspectiva combinada. Según Epstein (2013), tanto la genética como el entorno juegan roles importantes en el desarrollo de un deportista talentoso. Mientras que la genética puede proporcionar una base, es la práctica disciplinada y el entrenamiento especializado lo que permite a los individuos alcanzar su máximo potencial.

6.10 Construcción de la Confianza y Autoestima

La confianza y la autoestima son notables para el éxito en cualquier ámbito, incluido el deporte. La confianza se refiere a la creencia en la propia capacidad para realizar tareas específicas, mientras que la autoestima es la valoración general que uno tiene de sí mismo.

6.11 Estrategias para construir confianza y autoestima

Establecimiento de objetivos realistas: Fijar metas alcanzables y desafiantes.

Refuerzo positivo: Reconocer y celebrar los logros, por pequeños que sean.

Autoconocimiento: Fomentar la reflexión sobre fortalezas y áreas de mejora, en edades tempranas este punto solo se limitaría a incentivar al alumno a practicar las técnicas y no compararse con el compañero.

6.12 Actividades prácticas para el instructor:

Journaling: Llevar un diario para reflexionar sobre experiencias y progresos.

Feedback: constructivo: Recibir y dar retroalimentación de manera positiva y constructiva después de cada evento, por ejemplo, con los que ya comienzan su camino competitivo, fomentar la autocrítica, tanto a los que ganaron como los que no lograron su objetivo es una herramienta muy práctica para conocer sus miedos y reconocer los errores técnicos. En el caso de los alumnos iniciales solo con fomentar la participación y superar pequeños miedos creados por el desconocimiento.

Talleres (eventos) de desarrollo personal: Participar en actividades que promueven el autoconocimiento y la confianza, los eventos participativos en las categorías preinfantiles se han convertido en una hermosa herramienta para los futuros deportistas. Estos son talleres teóricos de técnicas deportivas, poomsae, coreano, flexibilidad, historia, etc.

6.13 Cómo Gestionar la Motivación y el Esfuerzo Continuo

La motivación y el esfuerzo continuo son elementales para mantener un rendimiento constante y alcanzar el éxito a largo plazo. La motivación puede ser intrínseca (motivada por el disfrute de la actividad) o extrínseca (motivada por recompensas externas). En este punto es importante lograr que la motivación sobrepase los márgenes del doyang, las familias de los alumnos deben tener más o igual nivel de motivación.

Estrategias para gestionar la motivación:

Metas a corto y largo plazo: Establecer una combinación de objetivos inmediatos y futuros. Una meta corto plazo podría ser aprender una patada, la de largo plazo llegar a obtener el cinto Dan Poom.

Recompensas y Autorecompensa: para los alumnos más pequeños felicitacitarlos con una cara de asombro es más gratificante que muchos regalos. La autorecompensa para los más grandes mantendrá encendida la motivación.

Buscar apoyo: Rodearse de personas que brinden apoyo emocional, aliento y estímulo ante los obstáculos.

6.14 Mantener el esfuerzo continuo:

Rutinas y hábitos: Establecer rutinas diarias que fomentan los resultados[10].

Adaptabilidad: Ser flexible y ajustar las estrategias según sea necesario, todos los días son

---

[10] Si bien los alumnos más pequeños dependen de que los padres tengan disciplina para mantener la continuidad de las prácticas, cuando llegan a edades que comienzan a decidir también comienza la etapa en la que se dejan influenciar por el entorno.

diferentes y se presentan nuevos obstáculos, se debe estar preparado para esto.

Balance y descanso: preguntar a los niños sobre sus actividades diarias y horarios, muchos de ellos se levantan muy temprano para asistir a sus horas escolares y después continúan con el resto de las actividades programas por sus padres, entre ellas Taekwondo, entonces, en muchos casos recibimos alumnos cansados sin ganas de hacer ningún ejercicio.

MANUAL DEL INSTRUCTOR DE TAEKWONDO

7 Capítulo 7: Evaluación y Progreso

7.1 Metodología de Evaluación de Alumnos

Primeramente, hay que saber que un *dojang* no es un ámbito de aprendizaje formal, sino informal, (al menos que sea una materia escolar), por lo tanto, hay que saber que no se puede evaluar con la misma vara a todos por igual, todos poseemos diferentes virtudes y limitaciones. Si bien la evaluación de los alumnos en disciplinas deportivas es concluyente para medir el progreso y determinar las áreas que necesitan mejorar. Una evaluación efectiva debe ser integral, considerando aspectos técnicos, físicos, mentales y actitudinales.

7.2 Enfoques de evaluación:

Evaluación formativa: Realizada de manera continua para proporcionar retroalimentación y guiar el aprendizaje.

Evaluación sumativa: Realizada al final de un período para valorar el logro de los objetivos establecidos.

Autoevaluación: Permite a los alumnos reflexionar sobre su propio desempeño y establecer metas personales.

Evaluación por pares: Facilita el desarrollo de habilidades críticas y la percepción objetiva del rendimiento de otros.

7.3 Herramientas de evaluación:

Rúbricas de desempeño: Listas de criterios con descripciones detalladas para diferentes niveles de competencia.

Pruebas estandarizadas: Exámenes estructurados que miden habilidades específicas.

Observación directa: Evaluación del rendimiento en tiempo real durante la práctica o la competencia.

Portafolios: Colección de trabajos y logros del alumno a lo largo del tiempo.

7.4 DIFERENTES CRITERIOS PARA EL AVANCE DE CINTURÓN

El avance de cinturón en disciplinas como las artes marciales es un proceso estructurado que refleja el progreso del alumno en términos de habilidades técnicas, conocimiento teórico y desarrollo personal. Los criterios varían según la disciplina y la organización, pero generalmente incluyen:

7.5 CRITERIOS COMUNES:

Dominio técnico: Ejecución correcta[11] y fluida de técnicas específicas (respetando el principio de la individualidad).

Conocimiento teórico: Comprensión de la historia, filosofía y reglas de la disciplina.

Desempeño en combate y/o *poomsae*: Evaluación del rendimiento en situaciones simuladas o competiciones.

Actitud y ética: Demostración de respeto, disciplina y compromiso con el entrenamiento.

---

[11] **Grosser, Starischka y Zimmermann (1989):** Estos autores describen la técnica deportiva como "un conjunto de patrones de movimiento que son específicos del deporte y que han sido perfeccionados para lograr una ejecución eficiente y efectiva de las tareas deportivas".

7.6 Procedimientos de evaluación:

Exámenes formales: Pruebas programadas donde los alumnos deben demostrar sus habilidades frente a evaluadores.

Evaluación continua: Observación y valoración regular durante las clases.

Competencias y demostraciones: Participación en eventos que permitan evaluar el rendimiento bajo presión.

7.7 Seguimiento y Registro del Progreso

El seguimiento y registro del progreso de los alumnos es esencial para evaluar su desarrollo a largo plazo y ajustar los planes de entrenamiento en consecuencia. Un sistema de seguimiento eficaz debe ser detallado y accesible tanto para instructores como para alumnos.

7.8 Métodos de seguimiento:

Diarios de entrenamiento: Registro diario de actividades, ejercicios y autoevaluaciones.

Software de gestión deportiva: Herramientas digitales que permiten el seguimiento de métricas de rendimiento, asistencia y logros.

Gráficas de progreso: Visualización del desarrollo del alumno en diferentes áreas a lo largo del tiempo, esto puede ser, registrar la altura, evaluación de flexibilidad mediante mediciones, seguimiento del crecimiento muscular (antropometría), etc.

Reuniones periódicas: Evaluaciones regulares donde el instructor y el alumno revisan el progreso y establecen nuevos objetivos.

7.9 Importancia del Registro

Motivación: Permite a los alumnos ver su propio progreso y mantenerse motivados.

Personalización del entrenamiento: Facilita la adaptación de los programas de entrenamiento a las necesidades individuales.

Transparencia: Proporciona una base objetiva para la evaluación y retroalimentación.

7.10 El Feedback y Retroalimentación Después de un Examen o Competencia

La retroalimentación es un componente crucial del proceso de aprendizaje y desarrollo en el deporte. La retroalimentación efectiva ayuda a los alumnos a entender sus fortalezas y áreas de mejora, y proporciona una guía clara para el progreso futuro, principalmente saber cuáles son realmente los objetivos de cada alumno, para no crear falsas expectativas en los formadores.

7.11 Tipos de devoluciones:

Feedback inmediato: Proporcionado directamente después de una actividad para asegurar que los alumnos puedan aplicar las correcciones de inmediato.

Feedback diferido: Ofrecido en un momento posterior, permitiendo una reflexión más profunda sobre el rendimiento.

Feedback positivo: Enfocado en reforzar comportamientos y habilidades efectivas.

Feedback correctivo: Orientado a identificar errores y proporcionar estrategias para corregirlos.

7.11.1 Estrategias para dar feedback:

Específico y constructivo: Detallar qué se hizo bien y qué necesita mejora, con sugerencias claras.

Equilibrado: Combinar elogios con críticas constructivas para mantener la motivación.

Interactivo: Involucrar al alumno en el proceso de retroalimentación, fomentando la autoevaluación y el diálogo.

MANUAL DEL INSTRUCTOR DE TAEKWONDO

8 Capítulo 8: Competencia y Exhibiciones para Edades Tempranas

Las competencias y exhibiciones para edades tempranas son esenciales para el desarrollo integral de los niños. Estas actividades no solo fomentan el desarrollo de habilidades físicas, sino que también contribuyen al crecimiento emocional, social y cognitivo de los jóvenes participantes. Este capítulo se centra en la preparación técnica para competencias, la reglamentación de las competencias, la organización de exhibiciones y demostraciones, y el incentivo en la participación en eventos y torneos.

8.1 Preparación Técnica para Competencias

Se debe abordar la preparación técnica para competencias en edades tempranas evitando la mala interpretación del alumno y padres, considerando el desarrollo físico y emocional de los niños. La preparación debe ser gradual y adaptativa, permitiendo a los niños adquirir habilidades básicas y avanzadas sin sentirse abrumados.

8.2 Enfoques de Preparación Técnica

Desarrollo de Habilidades Básicas

El primer paso en la preparación técnica es el desarrollo de habilidades básicas. Estas habilidades incluyen movimientos fundamentales que son esenciales para la disciplina deportiva específica. Por ejemplo, en el fútbol, esto podría incluir el control del balón, el pase y el tiro libre; En la lucha olímpica, podría incluir posturas básicas y agarres. Ericsson, Krampe, & Tesch-Römer, 1993, hablan de la adquisición de habilidades fundamentales en la infancia contribuye significativamente al desarrollo motor y a la competencia deportiva en la edad adulta. Por ende, estas habilidades lograran colaborar en la longevidad deportiva y más que nada funcional del alumno.

8.3 Prácticas simuladas

Las prácticas simuladas[12] permiten que los niños se familiaricen con el entorno competitivo. Estas prácticas incluyen simulaciones de competencias, juegos de práctica y situaciones de juego controlados. A través de estas actividades, los niños pueden experimentar la dinámica de la

---

[12] Este tipo de prácticas es muy usado en la actualidad del Taekwondo, campus, encuentros, topes, entrenamientos específicos. Hoy estos eventos son los más adecuados para simular situaciones de juego que pueden pasar en un torneo.

competencia real sin la presión de un evento oficial o torneo ranqueadle. Las prácticas simuladas son una herramienta efectiva para preparar a los jóvenes deportistas para las competencias, permitiéndoles adquirir experiencia en un entorno controlado según Weinberg & Gould, 2018.

8.4 Entrenamiento Lúdico

El entrenamiento lúdico incorpora elementos de juego en las sesiones de entrenamiento, haciendo que el aprendizaje sea divertido y atractivo para los niños. Esto puede incluir juegos de equipo, competencias amistosas y actividades recreativas que refuercen las habilidades deportivas.

8.5 Progresión

Como en la preparación física la progresión en la enseñanza en la iniciación deportiva debe ser gradual y adaptada a las capacidades individuales de cada niño. Esto implica introducir técnicas más avanzadas y estrategias de competencia de manera paulatina, asegurando que los niños no se sientan abrumados y puedan aprender a su propio ritmo. Bompa & Buzzichelli, 2018 dicen que una progresión gradual en el entrenamiento permite a los jóvenes deportistas adaptarse mejor y reducir el riesgo de lesiones. El enfoque progresivo en la enseñanza de técnicas deportivas asegura un aprendizaje más efectivo y sostenible.

8.6 Importancia del Enfoque Integral

Confianza y Seguridad

Un enfoque integral en la preparación técnica de un niño asegura que los niños desarrollen confianza y seguridad en sus habilidades. Esto mejorará su desempeño en competencias y desarrollo personal.

El desarrollo de la confianza y la seguridad en sí mismos es fundamental para el éxito de los jóvenes deportistas. La confianza[13] en sus habilidades permite a los niños enfrentar desafíos y superar la presión de la competencia según Weiss & Smith, 2002.

8.7 Adaptación Psicológica

La preparación técnica también debe incluir el desarrollo de habilidades psicológicas para manejar el estrés y la presión de la competencia. Esto puede lograrse a través de técnicas de visualización, meditación y estrategias de afrontamiento y resolución (ej. lucha guiada). Orlick, 2008 dice que la adaptación psicológica es esencial para el rendimiento deportivo, especialmente en situaciones

---

La práctica de las técnicas aprendidas ya sea en en forma lúdica o sistemática-repetitiva lograran que el alumno las sistematice y las pueda aplicar con mayor confianza.

de alta presión o por ejemplo cuando el niño comienza a recibir los primeros impactos por el contacto deportivo. En punto se debe abordar con sutileza, porque las primeras experiencias en el deporte no deben ser traumáticas para poder garantizarnos la permanencia de los alumnos.

8.8 Fortalecimiento Físico

Este ítem es subjetivo para los alumnos en edades iniciales, hay que recordar que fortalecer los patrones de movimiento es la base, por lo tanto, se debería enfatizar solo en estos patrones antes que comenzar a pensar en una planificación física.

8.9 La Reglamentación en las Competencias

La reglamentación en las competencias para niños es fundamental para garantizar la seguridad, la equidad y el desarrollo adecuado de todos los participantes. Las reglas deben adaptarse a las necesidades y capacidades de los niños, fomentando un entorno competitivo positivo.

Cada instructor debe estar muy atento al momento de exponer un alumno en edades iniciales en eventos competitivos, la presión de los padres y el desconocimiento de la reglamentación adaptada para edades precompetitivas son un vaivén de soluciones y problemas en los torneos.

8.10 Aspectos Clave de la Reglamentación

Reglas adaptadas por edad

Las reglas de las competencias deben ser adaptadas según la edad y el nivel de desarrollo de los participantes. Esto asegura que las competencias sean seguras y apropiadas para los niños, evitando el riesgo de lesiones y garantizando una experiencia positiva.

En muchos países ya se está adoptando la competencia con la reglamentación oficial en edades precompetitivas, esto es una ayuda importantísima en el desarrollo de un futuro talento deportivo, pero ¿cuantos talentos deportivos podemos llegar a generar en 4 años?, todos sabemos que muy pocos y quizás ninguno con expectativas de llegar al Alto Rendimiento (Panamericano-Mundial-Olímpico), entonces hay que saber que en el transcurso de persistir en querer crear deportistas perdemos muchos alumnos que no lo serán. Las reglas adaptadas por edad son esenciales para asegurar la seguridad y el bienestar de los jóvenes deportistas según Maffulli, Caine, & Caine, 2005.

8.11 Seguridad y Protección

La seguridad es una prioridad en las competencias infantiles. Las reglas deben incluir medidas de seguridad estrictas, como el uso de equipo de protección, límites en la duración de las competencias y supervisión adecuada por parte de entrenadores y árbitros. Valovich McLeod et al. 2011, dicen que la implementación de medidas de seguridad es lo primero que se debe acentuar para prevenir lesiones y proteger a los jóvenes deportistas. Caine, Maffulli, & Caine, 2008, dicen que el uso de equipo de protección y la supervisión adecuada son fundamentales para asegurar la seguridad en las competencias infantiles.

8.12 Ética y Juego Limpio

Promover valores de juego limpio y respeto entre los participantes es esencial para crear un entorno competitivo positivo. Las reglas deben fomentar la deportividad, el respeto por los oponentes y la adherencia a los principios de juego limpio. La promoción de valores de fair play y respeto es elemental para el desarrollo ético y moral de los jóvenes deportistas recalcado por Arnold, 1999. "El juego limpio no solo mejora la calidad de la competencia, sino que también enseña lecciones importantes sobre integridad y respeto" (Bredemeier & Shields, 2006).

8.13 Participación Equitativa, No Influir en el Abandono del Deporte

Hay que asegurar que todos los niños tengan la oportunidad de participar y demostrar sus habilidades es crucial para su desarrollo y motivación. Las reglas deben garantizar la participación equitativa de todos los niños, independientemente de su nivel de habilidad.

ALGUNOS MOTIVOS DEL ABANDONO EN EL DEPORTE	INVESTIGADORES
Presión Excesiva de los Padres y Entrenadores	**Daniel Gould**: Sus estudios en psicología del deporte han explorado el impacto de la presión parental y del entrenador en el desarrollo deportivo de los jóvenes

Experiencias Negativas, como Bullying y Exclusión Social	**Jean Côté**: Sus investigaciones en desarrollo deportivo han abordado el papel de las interacciones sociales y el ambiente en la participación deportiva de los jóvenes. **Ronald Smith**: Sus estudios en psicología del deporte han investigado el impacto del acoso y la exclusión social en los atletas jóvenes.
Lesiones Frecuentes y Falta de Apoyo para la Recuperación	**Neeru Jayanthi**: Su investigación en medicina deportiva ha examinado la relación entre las lesiones y la participación deportiva a largo plazo en jóvenes atletas.
Especialización Temprana	**Smith, R. E. (1986)**, el exceso de presión competitiva puede resultar en un agotamiento emocional y físico significativo. El síndrome de **Burnout** y también **Estrés** son algunas de las consecuencias de la especialización temprana y el enfoque en la competencia pueden llevar al burnout, estrés y problemas de salud mental en los jóvenes atletas.
Razones socioeconómicas	**Darnell (2016):** en el campo de la sociología del deporte las dimensiones sociales y económicas influyen en la participación

	deportiva de los niños y en el mundo del deporte

La participación equitativa en las competencias fomenta la inclusión y el desarrollo de todos los jóvenes deportistas. Garantizar la participación de todos los niños es esencial para su motivación y compromiso con el deporte" (Fraser-Thomas, Côté, & Deakin, 2008).

8.14 Reglas

Capacitación de Árbitros y Entrenadores

Hay que asegurar que los árbitros y entrenadores comprendan que deben subir a la montaña de la disciplina, es una montaña con cuestiones positivas y negativas, pero esto logrará que se apliquen correctamente las reglas es esencial para el éxito de las competencias y enseñanza a lo largo de los años. La capacitación debe incluir no solo el conocimiento de las reglas, sino también habilidades en manejo de conflictos y promoción de valores de juego limpio.

La capacitación adecuada de árbitros y entrenadores es muy positiva para el deporte, la enseñanza y para los propios alumnos, saber las reglas implica saber jugar. La implementación efectiva de las reglas y la promoción de un entorno competitivo positivo. Los entrenadores y árbitros capacitados pueden desempeñar un papel vital en la promoción de la deportividad y la seguridad en las competencias infantiles" (Smith & Smoll, 2007).

8.15 Conocimiento del Reglamento

Es importante que los niños y sus padres comprendan las reglas y la importancia de seguirlas. Esto puede lograrse a través de sesiones informativas, manuales de reglas y comunicación continua entre entrenadores, árbitros y familias.

La educación de los participantes y sus familias sobre las reglas y la importancia del juego limpio es esencial para crear un entorno competitivo positivo (Brackenridge, 2001), para que el alumno se sienta cómodo y sin más presiones. La comunicación efectiva entre entrenadores, árbitros y familias puede mejorar la comprensión y el cumplimiento de las reglas" (Knight, Neely, & Holt, 2011).

MANUAL DEL INSTRUCTOR DE TAEKWONDO

9 Capítulo 9: Seguridad y Prevención de Lesiones en Taekwondo

La seguridad y la prevención de lesiones son fundamentales en la práctica de Taekwondo, una disciplina que combina fuerza, agilidad y técnica. Mantener un entorno seguro y estar preparado para responder a lesiones es esencial para garantizar el bienestar de los practicantes. Este capítulo aborda las normativas de seguridad en el *dojang*, los conocimientos básicos en primeros auxiliares y la importancia del equipamiento de protección.

9.1 Normativas de Seguridad en el *Dojang*

El *dojang* es el espacio donde se practica Taekwondo y es vital que se mantenga un ambiente seguro y adecuado para el entrenamiento. Las normativas de seguridad en el *dojang* abarcan una amplia gama de diseñadas para prevenir accidentes y asegurar que todos los participantes puedan entrenar de manera efectiva y sin medidas riesgos innecesarias. Primeramente, se debe abrir un *Dojang* en un espacio habilitado, con las salidas de emergencias correspondientes y por supuesto, mínimo indispensable para evitar golpes en caídas es el piso (generalmente de goma EVA) de no menos de 20mm de espesor.

9.2 Importancia de las Normativas de Seguridad

Las normativas de seguridad son esenciales para proteger a los practicantes de posibles lesiones que puedan ocurrir durante el entrenamiento. Estas normativas deben ser claras, comprensibles y aplicadas de manera consistente por todos los miembros del *dojang*, desde los instructores hasta los estudiantes. Como por ejemplo el no salir abruptamente del área de entrenamiento, todos sabemos que la mayoría de las lesiones se dan fuera del lugar de entrenamiento.

La implementación de normativas de seguridad estrictas es importante para la prevención de lesiones en cualquier entorno deportivo" (Finch & Donaldson, 2010). Un entorno de entrenamiento seguro y bien regulado suma positivamente para el bienestar físico y psicológico de los practicantes de Taekwondo" (Yang, 2002).

9.3 Elementos Clave de las Normativas de Seguridad

Supervisión Adecuada

Una supervisión adecuada para asegurar que las normativas de seguridad se cumplan siempre, si tiene un ayudante de instructor es ideal para las clases. Los instructores deben estar capacitados no solo en la técnica de Taekwondo, sino también en la gestión de un entorno seguro.

Este entorno seguro está a la vista de los clientes (padres) que analizan con quien y a donde llevan a sus hijos/as. La supervisión constante y competente es esencial para mantener un entorno de entrenamiento seguro y prevenir accidentes (Bahr & Mæhlum, 2004). Los instructores deben estar siempre atentos y ser capaces de intervenir rápidamente en caso de cualquier situación de riesgo (Kolt & Snyder-Mackler, 2003).

9.4 Inspección Regular del *Dojang*

El *dojang* debe ser inspeccionado regularmente para identificar y corregir posibles peligros. Esto incluye revisar el estado del piso, el equipo de entrenamiento y cualquier otro elemento que pueda presentar un riesgo para los practicantes. Es necesario hacer entender que las protecciones son una necesidad y de uso personal, ya que no se debe compartir por cuestiones higiénicas. Las inspecciones regulares del área de entrenamiento son esenciales para identificar y mitigar riesgos potenciales.

Un mantenimiento adecuado del *dojang* previene accidentes y asegura un entorno de entrenamiento óptimo" (*Chung*, 2013).

9.5 PROTOCOLO DE ENTRADA Y SALIDA

Es importante establecer y seguir protocolos claros para la entrada y salida del *Dojang*, como por ejemplo el pedir permiso para salir y entrar. También estos protocolos pueden incluir el uso de calzado específico, la realización de ejercicios de calentamiento antes de iniciar el entrenamiento y la ejecución de estiramientos al finalizar la sesión también son parte de la seguridad de los alumnos. Los protocolos de entrada y salida ayudan a preparar el cuerpo para el entrenamiento ya reducir el riesgo de lesiones (Mann & Jones, 1999).

El calentamiento y los estiramientos son fundamentales para prevenir lesiones y mejorar el rendimiento deportivo" (Woods, Bishop, & Jones, 2007).

9.6 Normas de Conducta

Establecer normas de conducta claras y específicas es esencial para mantener un ambiente de respeto y seguridad. Estas normas deben cubrir aspectos como el respeto mutuo entre los practicantes, la prohibición de conductas peligrosas y la importancia de seguir las instrucciones del instructor o maestro para evitar malos entendidos, estas reglas las deben saber los padres.

Las normas de conducta claras y bien definidas son esenciales para crear un entorno de entrenamiento seguro y respetuoso" (Weinberg & Gould, 2018).

El respeto mutuo y la adherencia a las normas son fundamentales para la seguridad y el bienestar de todos los participantes" (Martens, 2012).

9.7 Conocimientos en Primeros Auxilios Básicos

La capacidad de responder rápidamente y de manera efectiva a las lesiones es crucial en cualquier entorno deportivo. En el Taekwondo, donde las lesiones pueden variar desde simples golpes por choques o bien en las categorías más altas un KO. Es fundamental que el instructor o maestro tenga conocimientos en primeros auxilios y de esta manera afrontar cualquier imprevisto en el *Dojang* o torneos. La administración oportuna de primeros auxilios puede marcar la diferencia en el resultado de una lesión deportiva (Bergeron et al., 2002).

Una formación adecuada en primeros auxilios es esencial para todos los involucrados en el deporte (Brenner, 2007).

9.8 Principales Componentes de los Primeros Auxilios

Evaluación Inicial

La evaluación inicial de una lesión es crucial para determinar la gravedad y el tipo de atención requerida. Esta evaluación incluye comprobar la conciencia, la respiración y la circulación del lesionado. La evaluación inicial rápida y precisa es fundamental para la administración efectiva de primeros auxilios" (Sharma & Nelson, 2013). Conocer las señales vitales básicas y cómo evaluarlas puede salvar vidas en situaciones de emergencia" (Cruz Roja Americana, 2012).

9.9 Control de Hemorragias

El control de hemorragias[14] es una de las prioridades en primeros auxilios. Las técnicas básicas incluyen la aplicación de presión directa sobre la herida, la elevación de la parte afectada y, en casos severos, el uso de torniquetes. El control rápido y efectivo de las hemorragias es esencial para prevenir la pérdida excesiva de sangre y el shock (Kheirabadi et al., 2009). Las técnicas adecuadas para el control de hemorragias deben ser parte de cualquier entrenamiento en primeros auxilios" (Limmer & O'Keefe, 2005).

---

[14] El contro de hemorragias, fracturas, desmayos son alguno de los inconvenientes que pueden surgir en un entrenamiento, el primeo en intervenir es el instructor, si no está preparado sus alumnos pueden estar en un grave riesgo.

9.10 Manejo de Fracturas y Esguinces

Las fracturas y esguinces son lesiones comunes en el Taekwondo. Saber cómo inmovilizar adecuadamente una fractura o tratar un esguince puede prevenir daños adicionales y facilitar la recuperación.

La inmovilización adecuada de fracturas y esguinces es crucial para prevenir complicaciones y facilitar la recuperación" (McKeag, 1997). El conocimiento de las técnicas de inmovilización y manejo de esguinces debe ser parte de la formación en primeros auxilios" (Pfeiffer, Mangus, & Trowbridge, 2014).

9.11 Manejo de Conmociones Cerebrales

Las conmociones cerebrales son una preocupación seria en deportes de contacto como el Taekwondo. Reconocer los síntomas y proporcionar el manejo adecuado es vital para prevenir daños cerebrales a largo plazo, la inmovilización inmediata es el primer paso en caso de este suceso. El reconocimiento temprano y el manejo adecuado de las conmociones cerebrales son cruciales para la salud a largo plazo de los atletas" (McCrory et al., 2013).

La educación sobre los síntomas y el tratamiento de las conmociones cerebrales es esencial para todos los entrenadores y practicantes" (Giza et al., 2013).

9.12 Tratamiento de Cortes y Abrasiones

Las heridas menores como cortes y abrasiones deben ser limpiadas y cubiertas adecuadamente para prevenir infecciones. Es fundamental conocer los procedimientos adecuados para tratar estas lesiones. Poseer un botiquín de primeros auxilios en el *dojang* es la primera medida de seguridad.

9.13 Materiales de Primeros Auxiliares Básicos:

- **Gasas estériles:** Para cubrir heridas.
- **Vendajes y apósitos adhesivos:** Diferentes tamaños para cubrir cortes y abrasiones.
- **Vendas elásticas:** Para proporcionar soporte a esquinces y lesiones musculares.
- **Esparadrapo y cinta adhesiva médica:** Para asegurar vendaje.
- **Toallitas antisépticas:** Para limpiar heridas antes de vendar.
- **Alcohol o solución salina estéril:** Para desinfectar las heridas.

- **Tijeras médicas:** Para cortar gasa, cinta, venda.

- **Guantes desechables de látex o nitrilo:** Para manipular heridas.

- **Ungüentos antibióticos:** Para prevenir infecciones en cortes y ras

- **Crema para quemaduras:** Para tratar quemaduras menores.

- **Solución para lavado de ojos:** Para enjuagar los ojos.

- **Tablillas de inmovilización:** Para estabilizar fracturas y esguinces.

- **Collarín cervical:** Para inmovilizar el cuello en caso.

9.14 OTROS ELEMENTOS ESENCIALES:

- **Termómetro:** Para medir la temperatura.
- **Manual de primeros auxilios:** Guía detallada para actuar en diferentes situaciones de emergencia.
- **Listado de números de emergencias.**

9.15 FORMACIÓN EN PRIMEROS AUXILIOS

Es altamente recomendable que todos los instructores de Taekwondo y, cuando sea posible, los estudiantes, participen en cursos de formación en primeros auxilios certificados por organizaciones reconocidas, en el caso de no haberlas incentivar la organización y participación de alumnos y padres en estas capacitaciones.

9.16 Equipamiento de Protección

El uso de equipamiento de protección adecuado es crucial para prevenir lesiones en el Taekwondo. Este equipamiento no solo protege a los prácticos de impactos y caídas, sino que también puede mejorar su rendimiento al proporcionar seguridad y confianza. Sabemos que los alumnos que entrenan con protecciones tienen un desempeño diferente cuando no las tienen.

9.17 Importancia del Equipamiento de Protección

El equipamiento de protección ayuda a minimizar el riesgo de lesiones graves y crear un entorno de entrenamiento seguro. Su uso adecuado debe ser una prioridad en todas las sesiones de entrenamiento y competencias.

Las protecciones actuales en el Taekwondo son: Cabezal, Pechera o pectoral, Protectores de antebrazos, Protectores de tibia, Inguinal, Bucal, Guantines, Empeineras.

Estas protecciones son recomendadas para los alumnos de edades mayores a las señaladas en este libro: Protector de antebrazo y brazo; Empeinera acolchada; Guantes acolchados tipo boxeo; Rodilleras; Cabezal con máscara; Anteojos deportivos ergonómicos o alto impacto usados por los niños que padecen acortamiento visual

La indumentaria de seguridad se ha convertido en una enorme industria que cada padre o practicante podrá ver y analizar cuáles son las más adecuadas según su poder adquisitivo. El Taekwondo se convirtió en un deporte seguro según las calificaciones de las compañías de seguros deportivos.

10 Capítulo 10: Recursos

El acceso a una variedad de recursos puede enriquecer enormemente el aprendizaje y la práctica del Taekwondo. Desde herramientas didácticas y visuales hasta libros, artículos, videos, tutoriales en línea y enlaces a organizaciones relevantes, estos recursos proporcionan una base sólida para el desarrollo de habilidades y conocimientos en esta disciplina. Este capítulo explora las diversas herramientas y materiales disponibles para instructores y estudiantes de Taekwondo.

10.1 Herramientas y Materiales Didácticos y Visuales

Las herramientas didácticas y visuales son fundamentales para la enseñanza efectiva del Taekwondo. Estos materiales pueden incluir diagramas, ilustraciones, presentaciones y otros materiales visuales que ayudan a los estudiantes a comprender mejor las técnicas y conceptos.

10.2 Tipos de Herramientas Didácticas

Los diagramas y las ilustraciones pueden mostrar la posición correcta del cuerpo, las secuencias de movimientos y las tácticas de combate. Estas herramientas son útiles para desglosar técnicas complejas en pasos más simples y manejables.

10.3 Presentaciones y Pósteres

Las presentaciones y pósteres pueden utilizarse para enseñar aspectos teóricos del Taekwondo, como la historia, la filosofía y las reglas del deporte. Estos materiales son especialmente útiles en entornos de aula y seminarios.

10.4 Libros y Artículos Recomendados

Los libros y artículos proporcionan una comprensión profunda de los aspectos técnicos, históricos y filosóficos del Taekwondo. La lectura regular de material especializado ayuda a los practicantes a mejorar sus conocimientos y habilidades. La lectura de libros y artículos especializados en Taekwondo enriquece el conocimiento y la comprensión de los practicantes" (Choi, 1983). Los textos teóricos son esenciales para complementar el entrenamiento práctico en artes marciales" (Funakoshi, 1975).

10.5 Libros Recomendados:

"Taekwondo: The Ultimate Reference Guide" por Sang H. Kim

Este libro es una referencia completa para practicantes de todos los niveles. Cubre técnicas básicas y avanzadas, la historia del Taekwondo y estrategias de competencia.

"The Art of Taekwondo" por Sun Joo Lee

Un libro que explora la filosofía y los principios detrás del Taekwondo, además de proporcionar técnicas detalladas y consejos para el entrenamiento.

10.6 Artículos Recomendados:

"Injury Prevention in Taekwondo: From Science to Practice" por Jonathan A. Lystad: Un artículo que analiza las mejores prácticas para prevenir lesiones en Taekwondo, basado en investigaciones científicas.

"The Evolution of Taekwondo: From Martial Art to Olympic Sport" por Kyung-Ho Kim:

Este artículo rastrea la evolución del Taekwondo desde sus raíces tradicionales hasta su inclusión en los Juegos Olímpicos.

10.7 Videos y Tutoriales en Línea

Los videos y tutoriales en línea son recursos valiosos para el aprendizaje del Taekwondo. Estos recursos permiten a los estudiantes ver y revisar técnicas en detalle, proporcionando una comprensión visual que complementa la instrucción en persona.

10.8 Plataformas de Videos y Tutoriales

YouTube

YouTube es una plataforma ampliamente utilizada donde se pueden encontrar numerosos canales dedicados al Taekwondo. Estos canales ofrecen tutoriales sobre técnicas, entrenamientos, y competencias. Debemos cuidadosamente elegir el material a compartir con los alumnos mediante los links, ya que no todos los que publican tienen un objetivo de enseñar o compartir lo aprendido, puede ser muy contraproducente enfocarse en compartir solamente reels de acciones, luchas o simplemente humor.

10.9 Ejemplos de Videos y Tutoriales Recomendados

"Basic Taekwondo Techniques" por Taekwondo Life: Un tutorial detallado sobre las técnicas básicas de Taekwondo, adecuado para principiantes.

"Advanced Kicking Techniques" por Martial Arts Academy: Un tutorial que enseña técnicas de patadas avanzadas, ideal para estudiantes intermedios y avanzados.

10.10 Enlaces a Organizaciones de Taekwondo

Las organizaciones de Taekwondo juegan un papel crucial en la promoción, regulación y desarrollo del deporte. Proporcionan directrices, certificaciones, y organizan competencias y eventos a nivel local, nacional e internacional.

World Taekwondo (WT): World Taekwondo es la organización internacional que regula el Taekwondo a nivel mundial y organiza eventos como el Campeonato Mundial y las competencias olímpicas.

Enlace: [World Taekwondo (https://www.worldtaekwondo.org/)

Kukkiwon:

Kukkiwon, también conocido como el "Centro Mundial de Taekwondo", es la sede de la organización que establece los estándares para la promoción de grados y la instrucción en Taekwondo.

Enlace: [Kukkiwon] (http://www.kukkiwon.or.kr/)

10.11 ALGUNAS ORGANIZACIONES NACIONALES

USA Taekwondo: USA Taekwondo es la organización nacional que regula el Taekwondo en Estados Unidos, afiliada a World Taekwondo y el Comité Olímpico de Estados Unidos.

Enlace: [USA Taekwondo (https://www.teamusa.org/usa-taekwondo)

Taekwondo Canadá: es la organización nacional que regula el Taekwondo en Canadá, encargada de promover el deporte y organizar competencias a nivel nacional.

Enlace: [Taekwondo Canadá](https://taekwondo-canada.com/)

Taekwondo México: es una organización que regula el Taekwondo en México, promueve, organiza y participa en competencias nacionales e internacionales.

Enlace: [Taekwondo México](https://www.femextkdoficial.mx/)

Taekwondo Argentina: organiza, regula y participa en eventos de Taekwondo nacional e internacional.

Enlace: [Taekwondo Argentina](https://taekwondowt.org.ar/)

MANUAL DEL INSTRUCTOR DE TAEKWONDO

11 Capítulo 11: Puntos Claves Experiencia Empírica

El Taekwondo es una disciplina que no solo fomenta el desarrollo físico, sino que también fortalece el carácter y promueve valores esenciales como la disciplina, el respeto y la perseverancia. A lo largo de los capítulos anteriores, hemos explorado diversos aspectos críticos para la enseñanza y práctica efectiva del Taekwondo. En este capítulo final, se presenta un resumen de los puntos clave abordados, una reflexión sobre el papel del entrenador y su relación con los padres y familiares de los alumnos, y una discusión sobre los futuros desarrollos en la enseñanza del Taekwondo.

11.1 Resumen de Puntos Clave

Importancia de una Metodología de Evaluación Eficaz en el capítulo 7, se destacó la importancia de una metodología de evaluación adecuada para medir el progreso de los alumnos. La evaluación formativa y sumativa, junto con la autoevaluación y la evaluación por pares, son esenciales para identificar las fortalezas y áreas de mejora en los practicantes.

11.2 Seguridad y Prevención de Lesiones

El capítulo 9 aborda las normativas de seguridad en el *dojang*, la importancia del conocimiento en primeros auxilios y el uso adecuado del equipamiento de protección. Estos elementos son esenciales para garantizar un entorno seguro y minimizar el riesgo de lesiones.

11.3 Utilización de Recursos Educativos

En el capítulo 10, se discutió la importancia de utilizar diversas herramientas didácticas y visuales, libros y artículos recomendados, videos y tutoriales en línea, y enlaces a organizaciones de Taekwondo. Estos recursos enriquecen el aprendizaje y proporcionan una base sólida para el desarrollo continuo en el Taekwondo.

11.4 Reflexión sobre el Papel del Entrenador y su Relación con los Padres y Familiares de Alumnos

El Entrenador como Líder y Mentor

El entrenador juega varios papeles como líder y mentor en el desarrollo de los practicantes de Taekwondo. No solo es responsable de enseñar técnicas y tácticas, sino también de inculcar valores y actitudes que contribuyan al crecimiento personal de los alumnos.

11.5 Colaboración con los Padres y Familiares

La colaboración entre el entrenador y los padres creará un entorno de apoyo que promueva el desarrollo integral de los alumnos, la confianza de dejar a sus hijos en un gimnasio privado es un esfuerzo emocional muy importante para padres responsables. Los padres deben estar informados y comprometidos con el progreso de sus hijos, y el entrenador debe mantener una comunicación abierta y efectiva con ellos.

Es muy difícil concordar con las diferentes ideologías o formas en la que los padres educan a sus hijos, no nos podemos comprometer en lo que no tenemos al alcance, por ejemplo, las practicas saludables que se dan dentro del núcleo familiar como el respeto y las buenas costumbres.

Siempre nos equivocamos, pero pocas veces lo aceptamos, no se debe dejar pasar por alto, de esta manera haremos comprender a padres y alumnos que somos personas comunes con un objetivo común el cual es colaborar en la educación de sus hijos. Fraser-Thomas, Côté, & Deakin, 2008 dicen que La colaboración entre entrenadores y padres es para el desarrollo deportivo y personal de los niños. Un entorno de apoyo familiar refuerza los valores y habilidades aprendidas en el *dojang*" (Gould, Lauer, Rolo, Jannes, & Pennisi, 2008).

11.6 Estrategias para una Comunicación Efectiva

Para mantener una relación positiva, proactiva y productiva con los padres, los entrenadores deben emplear estrategias de comunicación efectiva. Esto incluye reuniones regulares, informes de progreso y la organización de eventos donde los padres puedan observar y participar en el proceso de entrenamiento, organización de grupos y acceso a diferentes plataformas y redes sociales. Como punto objetivo principal el instructor debe saber que esperan los padres de sus hijos y del instructor.

11.7 Experiencia Personal

Durante más de dos décadas decidí dictar clases en forma gratuita, los padres solo pagaban una cuota societaria mensual mínima con el cual se solventaban algunos viajes, compra de indumentaria y mantenimiento administrativo de la asociación. Si bien mi ingreso principal no estaba relacionado al Taekwondo, me resultó muy difícil lograr un equilibrio económico para no afectar los ingresos familiares.

Entonces, con el tiempo tuve que aceptar que si continuaba dictando clases sin ningún ingreso afectaría gravemente la economía personal. De esta manera comencé a percibir mis servicios como examinador y también dedicarme a la compra y venta de indumentaria deportiva, esto equilibró un poco la economía, pero no podía dejar de sentir algo de culpa por cobrar.

Mientras mis gastos permanentes en el taekwondo siempre fue la capacitación en el ámbito formal e informal, también los costos que implican capacitarse (viaje, estadía, ausencia laboral, etc.). O sea, a la larga seguía generando pérdidas.

Hasta que tomé una decisión postpandemia, no dictar más clases en forma *ad honorem,* lo cual no agradó a la mayoría de los padres y alumnos, a mi modesto parecer creo saber la causa. Pensaban que me hacía rico dictando clases.

En mi país no es nada rentable ser entrenador o instructor del deporte que sea, cuesta mucho lograr desde el ámbito informal (espacios de gestión privada) lograr solvencia económica. Cosa que no pasa en países desarrollados en donde el instructor puede vivir de su pasión.

Investigando sobre la temática pude ver que hay investigaciones que dan una visión más acabada de este tema tratando de dar un poco de luz este inconveniente.

Creo que hay varias razones por las cuales algunos padres pueden no apreciar la preparación académica de los profesores y nos lo culpo por ello, ya que gran parte de responsabilidad tenemos los que damos clases diariamente.

Con el tiempo pude discernir cuenta que las diferentes culturas de Latinoamérica varían en el aprecio hacia el docente, creo que mi país Argentina no es de los mejores en ese aspecto, para ello, desarrollé seis puntos claves en que debemos hacer hincapié en el *dojang* y la relación con los padres:

Desconocimiento: Muchos padres no están al tanto de las exigencias y el rigor académico que implica la formación de los profesores. Esto puede llevar a subestimar la preparación y habilidades necesarias para la docencia.

Expectativas insatisfechas: Si los padres perciben que la educación que reciben sus hijos no cumple con sus expectativas, pueden dudar de la competencia y preparación de los profesores, aunque estas percepciones no siempre sean precisas.

Falta de comunicación: La falta de comunicación efectiva entre la escuela y los padres puede llevar a malentendidos sobre el rol y la preparación de los docentes.

Prejuicios y estereotipos: Algunos padres pueden tener prejuicios o estereotipos sobre la profesión docente, considerando que no requiere tanta preparación como otras profesiones.

Experiencias personales negativas: Experiencias negativas propias con el sistema educativo pueden influir en la percepción que tienen sobre los actuales profesores y su formación.

Cambios en la educación: La educación ha cambiado y evolucionado con el tiempo. Algunos padres pueden no estar actualizados con las nuevas metodologías y enfoques pedagógicos, lo que puede llevar a subestimar el valor de la formación actual de los profesores.

Entonces, mejorar la comunicación y la colaboración entre padres e instructores-educadores puede ayudar a superar estas barreras y aumentar el aprecio por la preparación académica de los instructores y maestros del Taekwondo.

11.8 El Futuro en el Desarrollos en la Enseñanza del Taekwondo

Gestión e Integración de Tecnologías Avanzadas

Los que tengan la posibilidad de incorporar tecnologías avanzadas, como simuladores de realidad virtual, aplicaciones de entrenamiento y análisis de vídeo, pueden revolucionar la enseñanza del Taekwondo. Estas herramientas permiten una instrucción más interactiva y personalizada, mejorando la experiencia de aprendizaje.

11.9 Enfoque sobre el Desarrollo Mental y Emocional

El futuro de la enseñanza del Taekwondo debe incluir un mayor enfoque en el desarrollo mental y emocional de los practicantes. Técnicas como la meditación, el mindfulness y el entrenamiento en habilidades de afrontamiento pueden ayudar a los alumnos a manejar el estrés y mejorar su rendimiento.

El desarrollo mental y emocional es tan importante como el físico en el entrenamiento deportivo (Hanton, Fletcher, & Coughlan, 2005), si no se puede incorporar mediante un trabajo interdisciplinario los instructores deben crear las herramientas.

11.10 Promoción de la Inclusión y la Diversidad

La promoción de la inclusión y la diversidad en el Taekwondo es esencial para su crecimiento y desarrollo global. Fomentar la participación de personas de diferentes géneros, edades, etnias y habilidades puede enriquecer la práctica del Taekwondo y hacerla accesible para todos, comprender que todos los niños tienen el derecho de acceder y disfrutar del deporte.

La inclusión y la diversidad en el deporte promueven un entorno de aprendizaje más enriquecedor y equitativo" (Coakley, 2011).

11.11 Conclusión Empírica

Como está escrito en las primeras páginas de este primer manual para el entrenador es sumamente necesario recalcar que no nos debemos equivocar en formación de deportistas sino en practicantes, dentro de este grupo sabemos que podrán salir diversos posibles talentos deportivos y que no todos cuentan con las atribuciones de un talento deportivo.

Hermanos Crismanich en el año 1995

Durante mis años de práctica, enseñanza y competencias vi pasar muchos talentos deportivos, tuve la suerte de ver el desarrollo deportivo casi desde sus bases de Mauro Crismanich y Sebastián Crismanich, con quienes tengo gran admiración y amistad, ambos medallistas mundial y olímpico respectivamente; varias veces vi el esfuerzo que hacia su familia encabezada por Daniel Crismanich llevando a todos los eventos posibles a sus hijos, poniendo mucha fe en su crecimiento deportivo desde edades muy tempranas, con esfuerzos económicos inmensos, Daniel a veces tratado como un loco[15] del deporte Taekwondo en Argentina. Con este ejemplo y con sustento bibliográfico afirmo que la familia es la columna vertebral del futuro talento deportivo.

---

[15] No me refiero a una patología sino a una desmedida pasión y fe, lo cual dio resultado ya que ambos hijos son deportistas modelos que hicieron historia en el deporte argentino.

Sebastián Crismanich Medalla de Oro en los JJOO de Londres 2012

Mauro Crismanich Medalla de Bronce en el Mundial de Copenhague 2009

12 Capítulo 12: Anexos

El capítulo de anexos proporciona herramientas y recursos adicionales que son esenciales para la práctica y enseñanza del Taekwondo. Estos incluyen un glosario de términos, formatos de registro y evaluación, ejemplos de planos de clase y contactos con el autor. Estos recursos complementan los conocimientos adquiridos en los capítulos anteriores y ayudan a los instructores y alumnos a mejorar su experiencia de aprendizaje y enseñanza.

12.1 Glosario de Términos de Taekwondo que debe saber el Alumno e Instructor:

El glosario realizado por el *Sabomnim* KIM Hyun Wook (de Tierra del Fuego) es una herramienta fundamental para cualquier practicante de Taekwondo. Conocer y comprender estos términos no solo facilita la comunicación dentro del *dojang*, sino que también enriquece el entendimiento de la técnica y la filosofía del Taekwondo en una unificación mundial mediante el uso de las terminologías en el idioma coreano:

Sabomnim KIM Hyun Wook

1 아홉 *Ajop* Nueve

2 안 *An* Adentro

3 앞/앞에 *AP/APE* Adelante/Frente

MANUAL DEL INSTRUCTOR DE TAEKWONDO

4 아래 *Are* Abajo

5 바깥 *Bakat* Afuera

6 발 *Bal* Pie

7 반달 *Ban Dal* Media Luna

8 반대 *Bande* Contrario

9 바로 *Baro* Correcto/Mismo Lado

10 바탕 *Batang* Palma/Frente

11 입 *ib* boca

12 범 *Bom* Tigre

13 *Bon* Ejemplar/Paso (en coreano solo combinable con otra palabra)

MANUAL DEL INSTRUCTOR DE TAEKWONDO

14 칼 *Cal* Cuchillo

15 차기 *Chagui* Patada/Patear

16 차렷 *Chariot* Atención/Firmes

17 찍어 *Chigo* Clavar/descender

18 치기 *Chigui* Golpear

19 칠 *Chil* Siete

20 찌르기 *Chirigui* Clavar/Estocada

21 쪼금 *Chokum* Poco

22 주춤 *Chuchum* alerta

23 춤비 *Chumbi* Preparados

MANUAL DEL INSTRUCTOR DE TAEKWONDO

24 주목 *Chumok* puño

25 천 *Chun* Cielo/Azul

26 천국/하늘 *Chunguk/Hanul* Cielo

27 꼬아 *Coa* Cruzar/Retorcer/Girar

28 그만 *Cuman* Basta/Alto/final

29 큰 *Cun* Grande

30 당겨 *Danguio* Jalar

31 다리 *Dari* Pierna

32 다섯 *Dasot* Cinco

33 도 *DO* Camino

MANUAL DEL INSTRUCTOR DE TAEKWONDO

34 돌 *DOL* Piedra

35 돌려 *Dolio* Giro/circular

36 두 *DU* Dos/Doble

37 두발 *DuBal* Dos Pies

38 두번 *Dubon* Dos veces

39 둘 *Dul* Dos

40 등 *Dung* Espalda/Atras/Trasero

41 후려 *Furio* Giro amplio/ revolear

42 가위 *Gawi* Tijera

43 교대로 *Gyodero* Alternar/cambiar

MANUAL DEL INSTRUCTOR DE TAEKWONDO

44 계속 *Gyesok* Continuar

45 한/하나 *Han/Hana* Uno

46 홍 *Hong* Rojo

47 이 *I* Dos

48 일 *IL* Uno

49 일곱 *Ilgop* Siete

50 연습 *Ionsub* Practica

51 여덟 *Iodol* Ocho

52 여섯 *Iosot* Seis

53 학다리 *Jacdari* Pierna de ciguenia

> **MANUAL DEL INSTRUCTOR DE TAEKWONDO**

54 감종 *Kamchong* Falta /Emocional

55 기합 *Kihap* Grito

56 경례 *Kiongre* Saludo

57 경고 *Kiongo* Advertencia

58 겨루기 *Kiorugui* Lucha

59 꺾기 *Kocqui* Torcer/Quebrar

60 그만 *Kuman* Basta/Finalizar

61 막기 *Maki* Cubrirse/Proteger

62 밀어 *Milo* Empujar

63 모아 *Moa* Juntar

MANUAL DEL INSTRUCTOR DE TAEKWONDO

64 목 *Mok* Cuello

65 몸 *Mom* Cuerpo

66 모음빌 *Moumbal* Pies juntos

67 몸통 *Momtong* Centro del cuerpo/Tronco/Torax

68 무릎 *Murup* Rodilla

69 날 *Nal* Canto/Filo/Borde

70 나란히 *Naranji* Derechos/En hilera/Paralelo

71 내려 *Neryo* Bajar

72 넷 *Net* Cuatro

MANUAL DEL INSTRUCTOR DE TAEKWONDO

73 몸 도라 *Mom dora* Girar el cuerpo

74 눌어 Nulo Presionar/apretar

75 오 *O* Cinco

76 얼굴 *Olgul* Cara/Rostro

77 올려 *Olryo* Subir/Ascendente

78 팔 *Pal* Ocho

79 팔꿈치/팔꿈 *PalkumChi/PalKum* Codo

80 팔목 *PalMok* Muñeca

81 편히 *PionJi* Cómodo

82 펴적 *Pioyok* Palma/Abierto

83 품 *PUM* Forma

84 사 *Sa* Cuatro

85 사범님 *Sabomnim* Maestro

86 삼 *Sam* Tres

87 산 *San* Montaña

88 쉬어 *Suio* Descanso

89 셋 *Set* Tres

90 시간 *Shigan* Tiempo/Hora

91 시작 *Shiyak* Comenzar/Empezar

92 서기 *Sogui* Posición/Parados

MANUAL DEL INSTRUCTOR DE TAEKWONDO

93 손 *Son* Mano

94 승 *Sung* Victoria/Vencedor

95 대 *Tae/De* Grande/Gigante/Grandeza

96 띠 *Ti* Cinturón

97 띠어 *Ti-o* Saltar

98 턱 *Tog* Mentón

99 통 *Tong* Tronco/Centro

100 도 *Tui/Dui* Atrás

101 우에 *Ue* Arriba

102 열 *Yol* Diez

103 옆 *Yop* Costado/Lateral

104 육 *Yup* Seis

105 비틀어 *Vituro* Torcido

106 오른 오른 *Orun* Derecha

107 왼 *Oen* Izquierda

12.2 Formatos de Registro y Evaluación

Tener un sistema de registro y evaluación bien estructurado es crucial para monitorear el progreso de los alumnos y asegurar un desarrollo continuo y efectivo. A continuación, se muestran ejemplos de formatos que pueden utilizar los instructores.

12.3 Programa traducido de examen de *Gup* de Gran Bretaña

1. **Cinturón Blanco a Amarillo (10° a 9° *Gup*)**

- **Técnicas Básicas:** Posturas, bloqueos, golpes.
- **Poomsae:** Primer patrón (*Taegeuk Il Jang*).
- **Defensa Personal:** Movimientos básicos de escape y defensa.
- **Rompe:** Técnicas de ruptura básica (opcional en algunos clubes).

2. **Cinturón Amarillo a Verde (9° a 8° *Gup*)**

- **Técnicas Básicas Avanzadas:** Patadas, combinaciones de técnicas.

- **Poomsae:** Segundo patrón (*Taegeuk I Jang*).

- **Defensa Personal:** Técnicas de defensa más avanzadas.

- **Rompe:** Técnicas de ruptura con pie.

3. **Cinturón Verde a Azul (8° a 6° *Gup*)**

- **Técnicas de Patada Avanzadas:** Combinaciones de patadas, patas en salto.

- **Poomsae:** Tercer y cuarto patrón (*Taegeuk Sam Jang y Sa Jang*).

- **Defensa Personal:** Técnicas contra agarres y ataques múltiples.

- **Rompe:** Patadas y golpes con mayor dificultad

4. **Cinturón Azul a Rojo (6º a 4º *Gup*)**

- **Técnicas Combinadas:** Serie de técnicas avanzadas en combinación.
- **Poomsae:** Quinto y sexto patrón (*Taegeuk Oh Jang y Yuk Jang*).
- **Defensa Personal:** Técnicas de desarme y control.
- **Rompe:** Rompimiento múltiple con técnicas avanzadas.

5. **Cinturón Rojo a Negro (4º a 1º *Gup*)**

- **Técnicas Completas:** Ejecución perfecta de todas las técnicas.
- **Poomsae:** Séptimo y octavo patrón (*Taegeuk Chil Jang y Pal Jang*).

- **Defensa Personal:** Situación

- **Rompe:** Demostración de poder y precisión en técnicas de ruptura.

6. **Cinturón Negro (1º Dan y superior)**

- **Poomsae Avanzado:** *Koryo* y otros patrones de cinturón negro.

- **Técnicas Especializadas:** Movimientos específicos de alto nivel.

- **Defensa Personal:** Estrategias avanzadas y técnicas de combate

- **Rompe:** Rompimientos complejos y demostraciones de técnica superior.

Fuente: britishtaekwondo.org

12.4 El programa de examen de *Gup* de Estados Unidos

A continuación, se presentan algunos de los componentes generales del programa:

1. **Cinturón Blanco (10° *Gup*):**

    - Técnicas básicas de golpeo (puñetazos y patadas).
    - Formas básicas (poomsae).
    - Movimientos básicos de defensa.

2. **Cinturón Amarillo (9° y 8° *Gup*):**

    - Poomsae: *Taegeuk Il Jang y I Jang.*

- Patadas intermedias como la patada frontal y la patada lateral.

- Técnicas de bloqueo y desplazamientos.

3. **Cinturón Verde (7° y 6° *Gup*):**

- Poomsae: *Taegeuk Sam Jang y Sa Jang.*

- Patadas avanzadas como la patada de giro.

- Combinaciones de técnicas y sparring controladas.

4. **Cinturón Azul (5° y 4° *Gup*):**

- Poomsae: *Taegeuk Oh Jang y Yuk Jang.*

- Técnicas avanzadas de patadas y golpeo.

- Defensa personal y sparring libre.

5. **Cinturón Rojo (3º y 2º *Gup*):**

    - Poomsae: *Taegeuk Chil Jang* y *Pal Jang*.
    - Técnicas de combate avanzadas.
    - Preparación para técnicas de rompimiento.

6. **Cinturón Marrón (1º *Gup*):**

    - Revisión completa de todas las técnicas y poomsae anteriores.
    - Preparación para el examen de Dan (cinturón negro).

Cada examen de Gup incluye tanto una evaluación técnica como una evaluación práctica en combate y formas. Además,

Fuente: www.usatkd.org

Otro gran ejemplo de programa de examen es el coreano, en este caso solo plasmado el examen que debe presentar un cinto blanco, los *Gup* consiguientes coinciden con los programas anteriormente expuestos: Las técnicas varían entre escuelas

- Bloqueo *(막기/ makgi)*

- Bloqueo bajo *(아래막기 arae-makgi)*

- Bloqueo medio *(몸통막기 momtong-makgi)*

- Bloqueo alto *(올려막기 olgul-makgi)*

- Postura *(서기/ sogi)*

MANUAL DEL INSTRUCTOR DE TAEKWONDO

- Postura de atención *(차렷 charyeot)*

- Postura preparada *(기본준비 junbi)*

- Postura frontal *(앞굽이 ap-kubi)*

- Postura para montar a caballo *(주춤서기 juchum-sogi)*

- Postura de lucha *(겨루기준비 gyeorugi-junbi)*

- Golpes de puño **(지르기 jireugi)**

- Puñetazo *(주먹 지르기 jumeok-jireugi)*

- Golpe medio con la mano delantera *(몸통 반대 지르기 momtong-bandae-jireugi)*

- Golpe medio *(몸통 지르기 momtong-jireugi)*

- Patear **(차기 chagi)**

- Patada frontal *(앞차기 ap-chagi)*

- Patada frontal con empeine (발등 앞차기 *baldeung-ap-chagi*)

- Patada frontal con el metatarso del pie *(*앞축 앞차기 *apchuk-ap-chagi)*

- Patada lateral *(*옆차기 *yeop-chagi)*

- Patada con hacha *(*내려차기 *naeryeo-chagi)*

- Patada frontal con salto *(*뛰어 앞차기 *ttwieo-ap-chagi)*

- Patada lateral con salto *(*뛰어 옆차기 *ttwieo-yeop-chagi)*

12.5 REGISTRO DE ASISTENCIA

Tener un registro de asistencia es muy importante, no solo para llevar un registro o documentar, sino también sirve como constancia para evitar posibles problemas de ausencias de los alumnos sin aviso a los padres. También para poder elegir a los alumnos aptos para rendir en los exámenes de *Gup* y/o *Dan*. En la actualidad esta tarea está resumida en el uso de aplicaciones para poseer registro de ausencias.

12.6 EVALUACIÓN

Los exámenes en edades tempranas es un material importante ya que nos dará un parámetro o nivel que se encuentra nuestro alumno y hacia donde apuntamos, una vez finalizada la evaluación podremos encarar una nueva planificación de clases para apuntar a las mejoras de las nuevas habilidades.

13 Capítulo 13: Detección de Talentos Deportivos

Este capítulo quiero brindar como una entrega extra de la actualización del Manual del Entrenador de Taekwondo - guía práctica para alumnos de 10 a 15 años. En donde no solamente analizaré las perspectivas de la enseñanza y formación, sino las diferentes fases de la preparación física para lograr la especialización en el deporte rumbo al Alto Rendimiento.

La detección de talentos deportivos es un proceso en el desarrollo de futuros atletas de élite. Identificar a jóvenes con potencial extraordinario en una etapa temprana permite optimizar su entrenamiento y maximizar sus posibilidades de éxito. Brindo los fundamentos teóricos y prácticos resumidos de la detección de talentos, destacando factores biológicos, psicológicos y socioculturales que influyen en el rendimiento deportivo.

13.1 Fundamentos de la Detección de Talentos

Definición y Objetivos

La detección de talentos deportivos se refiere al proceso sistemático de identificar a individuos que poseen las habilidades y atributos necesarios para sobresalir en un deporte específico. Los objetivos principales son:

Identificar a jóvenes con potencial para alcanzar un alto rendimiento.

Optimizar el proceso de entrenamiento desde una edad temprana.

Asegurar la inversión eficiente de recursos en el desarrollo de futuros atletas de élite.

La detección temprana de talentos permite maximizar el potencial deportivo mediante programas de entrenamiento específicos (Bompa & Buzzichelli, 2018), otros autores como Williams & Reilly, 2000 afirman que Identificar talentos en una fase temprana es crucial para desarrollar programas de entrenamiento que optimicen el rendimiento a largo plazo.

13.2 Factores Biológicos y Genéticos

Aptitudes Físicas

Las características físicas innatas, como la velocidad, fuerza, agilidad y resistencia, juegan un papel crucial en el talento deportivo. Estas habilidades pueden ser medidas y evaluadas desde una edad temprana para identificar a potenciales atletas. Los factores genéticos influyen significativamente en la capacidad atlética y el rendimiento deportivo" (Pitsiladis et al., 2013).

13.3 Salud y Estado Físico General

Un estado de salud óptimo y la ausencia de lesiones crónicas son esenciales para el desarrollo continuo en el deporte. Los deportistas deben mantener un estilo de vida saludable y recibir atención médica adecuada.

13.4 Factores Psicológicos

Motivación y Actitud

La motivación intrínseca y una actitud positiva hacia el entrenamiento y la competencia son cruciales para el éxito a largo plazo. Los deportistas deben tener un fuerte deseo de mejorar y una mentalidad resiliente. La motivación intrínseca es un predictor del éxito deportivo, ya que impulsa a los atletas a perseverar y superar desafíos.

Una actitud positiva y estoica [16] es esencial para enfrentar las dificultades y mantener un alto nivel de rendimiento" (Weinberg & Gould, 2014).

13.5 INTELIGENCIA EMOCIONAL

La capacidad de gestionar emociones y mantener la calma bajo presión es fundamental para el rendimiento deportivo. Los atletas con alta inteligencia emocional pueden manejar mejor el estrés y la ansiedad asociados con la competencia. La inteligencia emocional es crucial para el rendimiento deportivo, ya que permite a los atletas manejar el

---

[16] se refiere a una forma de comportamiento y pensamiento caracterizado por la aceptación serena y racional de las circunstancias adversas y la adversidad, sin dejarse llevar por las emociones negativas

estrés y la presión de manera efectiva" (Goleman, 1995).

Los deportistas con alta inteligencia emocional muestran una mayor capacidad para recuperarse de las derrotas y mantener una actitud positiva" (Hanton, Fletcher, & Coughlan, 2005).

13.6 Factores Socioculturales

Visión holística propia de una pirámide del Desarrollo Deportivo

13.7 Apoyo Familiar y Social

El entorno familiar y social juega es la piedra basal en el desarrollo del talento deportivo, lo acompañará hasta que cumpla su objetivo. El apoyo de la familia, amigos y la comunidad puede proporcionar la motivación y los recursos necesarios para que los jóvenes atletas alcancen su máximo potencial.

El apoyo familiar es fundamental para el desarrollo del talento deportivo, ya que proporciona la base emocional y los recursos necesarios (Côté, 1999).

Un entorno social positivo y de apoyo puede influir significativamente en el éxito deportivo (Fraser-Thomas, Côté, & Deakin, 2005).

13.8 Recursos y Acceso a Instalaciones

Hay refrán en argentina que dice: Dios está en todas partes, pero atiende en Buenos Aires. Creo que esto sucede en todas partes del mundo, desde mi provincia a la Ciudad Autónoma de Buenos Aires en donde se hacen la mayoría de los selectivos nacionales hay más de 3.000 km, vía terrestre en un auto normal son más de 3 días de viaje, vía aérea 3,5 horas. Contar con los recursos para acceder a estos eventos es una necesidad urgente para resolver por las futuras políticas deportivas. Green, M., & Houlihan, B. (2005). "Elite Sport Development: Policy Learning and Political Priorities." Routledge dicen que los atletas que viven lejos de centros de competencia importantes pueden tener menos oportunidades para participar en eventos deportivos de alto nivel, lo que puede afectar su desarrollo competitivo.

No es casualidad que los mejores atletas del mundo del Taekwondo vivan cerca de epicentros demográficos donde se organizan eventos de nivel. Pero toda regla tiene excepción, sino argentina no tendría medallista olímpico ni Tierra Del Fuego campeones nacionales, sudamericanos o panamericanos en Taekwondo. Parte de cómo hacerlo ya está plasmado en estas páginas.

13.9 Apoyo económico del Estado

En una visión empírica, quisiera creer que no sucede en países desarrollados, como funcionario político del estado provincial vi como las se gastaban fondos en todo tipo de actividad para promocionar la actividad física, no el ejercicio y circunstancialmente los deportes. Dirigido por un ministerio y secretario de deportes con una cuestionable experiencia en gestión y desarrollo deportivo. A pesar de ser parte del gobierno mi bajo cargo no me permitía decidir estas acciones.

Por lo que veo en Tierra Del Fuego desde hace muchos años se trabaja de la misma manera, a los estados municipales, provincial solo le interesa sumar votos y no cumplir con el verdadero rol que el estado tiene que, prevenir enfermedades mediante la promoción de la actividad física, ejercicio y apoyar a las instituciones en el desarrollo deportivo, espero no suceda en sus estados.

Teniendo estos inconvenientes tuve que acudir a la autogestión de fondos, esto suena lindo, pero creo todos los instructores saben hacerlo, esto es formar comisiones de personas para recaudar fondos para viajes. En los países desarrollados veo que cada atleta tiene sponsor, o escuelas que reciben apoyo de marcas, eso no solamente se logra con los like de las redes sino con gestión por parte de los directores de escuela.

13.10 El acceso a instalaciones deportivas de calidad, con profesionales formados

Las instalaciones de calidad son tan importantes como los profesionales formados. Otro dilema para resolver, hay muchísimos instructores sin preparación académica terciaria o universitaria, también una gran cantidad de profesores de educación física a cargo de entrenamientos en gimnasios o aún peor, en centros de alto rendimiento. Esto se debe a que mucha gente cree que el PEF sale capacitado de su formación terciaria o universitaria para formular entrenamientos en fitness, preparación física general y preparación física deportiva. Tres formas de entrenar totalmente diferentes, complejas y que requieren mucha capacitación. Para ello dejo los conceptos de algunos autores.

13.11 Diferencia entre Educación Física y Entrenamiento Deportivo:

Hoffman, S. J. (2013) en su trabajo denominado *Introduction to Kinesiology: Studying Physical Activity* explica que la educación física se centra en el desarrollo integral del alumno, promoviendo habilidades motoras, conocimientos sobre la salud y el bienestar general. En contraste, el entrenamiento deportivo requiere conocimientos más especializados en fisiología del ejercicio, planificación del entrenamiento, y técnicas específicas para optimizar el rendimiento deportivo.

13.12 Formación en Pedagogía versus Técnica de Entrenamiento:

ASPECTO	PROFESOR DE EDUCACIÓN FÍSICA	INVESTIGADORES	ENTRENADOR DEPORTIVO Y PREPARADOR FÍSICO	INVESTIGADORES
Formación Académica	Tecnicatura terciaria, Grado en Educación Física o Ciencias del Deporte	Siedentop (2009), Hoffman (2013).	Certificaciones y cursos específicos en entrenamiento deportivo	Côté & Hancock (2016), Barker-Ruchti et al. (2018).
	Formación pedagógica y didáctica		Tecnicatura terciaria, Grado en Entrenamiento, Formación técnica en disciplinas deportivas específicas	
Enfoque	Desarrollo integral del alumno	Rink (2010), Freire (1970).	Optimización del rendimiento deportivo	Green & Houlihan (2005), Eime et al. (2016).
	Promoción de la salud y el bienestar		Enfoque en el entrenamiento y la competencia	

MANUAL DEL INSTRUCTOR DE TAEKWONDO

Metodología y Pedagogía	Uso de métodos pedagógicos estructurados	Shulman (1987), Armour & Makopoulou (2012)	Aplicación de técnicas de entrenamiento y periodización	Kolb (1984), Deci & Ryan (2000).
	Actividades diseñadas para diferentes niveles de habilidad		Programas de entrenamiento individualizados	
Competencias y Habilidades	Habilidades pedagógicas y de gestión de aula	Kolb (1984), Deci & Ryan (2000).	Conocimientos técnicos y tácticos avanzados	Tough (1971), Marsick & Watkins (1990).
	Capacidad para diseñar y evaluar programas educativos		Capacidad para diseñar programas de entrenamiento específicos	
Evaluación y Seguimiento	Evaluación a través de pruebas físicas y observación	Black & Wiliam (1998), Brookhart (2008).	Uso de métricas de rendimiento y análisis de datos	Côté & Hancock (2016), Green & Houlihan (2005).
	etroalimentación formativa y sumativa		Evaluaciones continuas del progreso del atleta	

bjetivos y Finalidades	Fomentar hábitos saludables y habilidades motoras	Siedentop (2009), Rink (2010).	Maximizar el potencial y rendimiento deportivo	Eime et al. (2016), Fraser-Thomas et al. (2005).
	Educar en valores como el trabajo en equipo y la disciplina		Preparar a los atletas para competencias de alto nivel	

Rink, J. E. (2010). "Teaching Physical Education for Learning argumenta que la formación de los profesores de educación física está más orientada hacia la pedagogía y la didáctica, mientras que los entrenadores deportivos necesitan una formación técnica más profunda en aspectos como la periodización del entrenamiento, la nutrición deportiva y la prevención de lesiones.

Esta es una razón más para que los instructores de Taekwondo que nos gusta el deporte nos profesionalicemos en preparación física con título terciario y/o universitario.

13.13 Métodos de Detección de Talentos

Observación y Análisis de Competencia

La observación de los atletas en situaciones de competencia real proporciona información valiosa sobre su desempeño bajo presión y su capacidad para aplicar habilidades técnicas en un entorno competitivo. La observación en competencia es esencial para evaluar el rendimiento real y el potencial de los atletas" (Martens, 2012).

El análisis del desempeño en situaciones de competencia ayuda a identificar habilidades y características clave para el éxito deportivo" (Hughes & Bartlett, 2002).

13.14 Programas de Desarrollo de Talentos

Los programas de desarrollo de talentos están diseñados para proporcionar a los jóvenes atletas un entorno de entrenamiento estructurado y de alta calidad. Estos programas incluyen entrenamiento especializado, apoyo psicológico y acceso a recursos técnicos y médicos, por tanto, la relación interdisciplinaria debe funcionar como un reloj a cuerda.

Abbott & Collins, 2004 dicen que los programas de desarrollo de talentos proporcionan un entorno estructurado y de alta calidad para maximizar el potencial de los jóvenes atletas.

13.15 Importancia del Seguimiento y Evaluación Continua

Monitoreo del Progreso

El seguimiento y evaluación continua del progreso de los jóvenes atletas se debe realizar periódicamente para ajustar los programas de entrenamiento y asegurar el desarrollo óptimo. Esto incluye la reevaluación regular de las habilidades físicas, técnicas y psicológicas.

La evaluación regular es esencial para identificar áreas de mejora y asegurar un crecimiento constante según Weinberg & Gould, 2014.

Retroalimentación y Ajustes

Proporcionar retroalimentación constructiva y realizar ajustes en los programas de entrenamiento basados en la evaluación continua dará un punto extra para el desarrollo del talento deportivo. La retroalimentación debe ser específica, constructiva y orientada a mejorar el rendimiento (Hattie & Timperley, 2007).

Realizar ajustes basados en la evaluación continua asegura que los programas de entrenamiento se mantengan efectivos y relevantes (Sadler, 1989).

MANUAL DEL INSTRUCTOR DE TAEKWONDO

14 BIBLIOGRAFÍA:

Alentar Deportes juveniles: Implementación de medidas de seguridad y prevención de lesiones.

Arnold, PJDeporte, Ética y Educación. Cassell.

Asociación Dental Americana. (La importancia del protector bucal para la prevención de lesiones deportivas).

Báechle, Fundamentos del entrenamiento y acondicionamiento de fuerza.

Bahr, Guía Clínica de Lesiones Deportivas.

Batán Revista clínica de medicina deportiva, 17 (3), 182-187

Bergeron, M.Revista Británica de Medicina Deportiva, 49 (13), 843-851.

Blázquez Sánchez, D. (1990). La Iniciación Deportiva y su Didáctica. Barcelona: INDE Publicaciones.

Bocina Avances en Psicología del Deporte. Cinética humana.

BOMPA, T. Periodización: Teoría y Metodología del Entrenamiento. Cinética humana.

Bompa, TO y Buzzichelli, C. (2018). Periodización: Teoría y Metodología del Entrenamiento. Cinética humana.

Boud, D. (1995). Mejorar el aprendizaje a través de la autoevaluación.

Brackenridge,CH (200Spoilsports: comprensión y prevención de la explotación sexual en el deporte. Rutledge.

Brenner, JS (2007). Lesiones por uso excesivo, sobreentrenamiento y agotamiento en deportistas infantiles y adolescentes. *Pediatría, 119* (6), 1242-1245.

Brown, D. (2013). *Online learning in martial arts: Leveraging technology for training*. Martial Arts Journal, 15(3), 45-52.

Caballero, Revista de Psicología del Deporte Aplicada, 23 (1), 76.

Caine, DJ, Maffulli, N. y Caine, C. Epidemiología de las lesiones deportivas pediátricas. Deportes individuales.

Cerrone Terapia atlética hoy, 10 (6)

Choi, H. H. (1983). Taekwon-Do: The Korean Art of Self-Defense. International Taekwon-Do Federation.

Choi, H. H. (2000). Taekwondo: The Korean Martial Art. Seoul: Dae Myung.

Chung, C. Pautas de seguridad para artes marciales y deportes de combate.

Clark, RC y Mayer, RE (2016). El aprendizaje electrónico y la ciencia de la instrucción: pautas comprobadas para consumidores y diseñadores de aprendizaje multimedia. John Wiley e hijos.

Coakley, El deporte en la sociedad: problemas y controversias. McGraw-Hill.

Coakley, J. (2011). *Deportes juveniles: ¿Qué se considera "desarrollo positivo"?* . Revista de Sociología del Deporte, 28(1), 3-22.

Cobertura, K. Revisión de la investigación educativa, 68 (3), 249.

Côté, J. y Gilbert, W. (2009). Una definición integradora de eficacia y experiencia del coaching. *Revista Internacional de Ciencia y Entrenamiento del Deporte, 4* (3), 307-323.

Côté, J. y Hay, J. (Fundamentos Psicológicos del Deporte.

CRevista Internacional de Psicología del Deporte y el Ejercicio, 7 (1).

Criado Deportes y desarrollo del carácter. Cinética humana.

Crowther, P. Gestión estratégica de eventos deportivos: un enfoque internacional. Routledge.

Cruz Roja Americana. (Manual del participante de primeros auxilios/RCP/DEA. Mantenerse bien.

Cuskell y, Trabajar con voluntarios en el deporte: teoría y práctica. Routledge.

Daneshvar Clínicas en Medicina Deportiva, 30.

Davis, M. (2014). Enhancing martial arts training with online resources. Journal of Martial Arts Education, 12(2), 28-34.

Donnelly, P. y Petherick, L. El deporte en la sociedad, 7 (3), 301.

Elsevier, Gestión estratégica de eventos deportivos: un enfoque internacional.

Ericsson, KA, Krampe, RT y TRevisión psicológica, 100 (3).

Esteras Revista de medicina deportiva y aptitud física, 51 (1), 128

Finch, CF y Donaldson, A. (2010). Una matriz de entorno deportivo para comprender el contexto de implementación del deporte comunitario. Revista Británica de Medicina Deportiva, 44 (13), 973-978.

Fraser-Psicología del Deporte y el Ejercicio, 9. Conseguir Gestión de Eventos y Turismo de Eventos.

Fraser-Thomas, JL, Côté, J. y Deakin, J. (2008). Comprender el abandono y la participación prolongada en el deporte competitivo de adolescentes. Psicología del Deporte y el Ejercicio, 9 (5), 645-662.

Funakoshi, G. (1975). Karate-Do: Mi forma de vida. Kodansha Internacional.

Funakoshi, G. (1975). Karate-Do: My Way of Life. Kodansha International.

Gagné, R. M., Wager, W. W., Golas, K. C., & Keller, J. M. (2005). Principles of Instructional Design. Wadsworth/Thomson Learning.

Gallahue, D. L., & Ozmun, J. C. (2006). Understanding Motor Development: Infants, Children, Adolescents, Adults. New York: McGraw-Hill.

García Ferrando, M. (2000). Sociología del deporte. Madrid: Alianza Editorial.

García, R. (2015). Alternativa de juegos predeportivos para la iniciación de los niños en deportes de combate. Revista Española de Educación Física y Deportes, 10(2), 35-47.

Gould, D. y Carson,Revista Internacional de Psicología del Deporte y el Ejercicio, 1 (1).

Gould, D., Lauer, L., Rolo, C., Jannes, C. y Pennisi, N. (2008). El papel de los padres en el éxito del tenis: entrevistas de grupos focales con entrenadores jóvenes. *El Psicólogo Deportivo, 22* (1), 18-37.

Hanton, S., Fletcher, D. y Coughlan, G. (2005). Estrés en deportistas de élite: un estudio comparativo de factores estresantes competitivos y organizacionales. Revista de Ciencias del Deporte, 23 (10), 1129-1141.

Harter, S.La construcción del yo: fundamentos socioculturales y de desarrollo. Prensa de Guilford.

Harwood, CG y Knight, CJ (2009). Estrés en el deporte juvenil: una investigación del desarrollo del tenis.

Hattie, J. y Timperley, H. (2007). El poder de la retroalimentación. Revisión de la investigación educativa, 77 (1), 81-112.

Hellison, D. (2003). Teaching Responsibility through Physical Activity. Champaign, IL: Human Kinetics.

Hermano Revista de entrenamiento atlético, 47 (3), 249

Herrero, Niños y jóvenes en el deporte: una perspectiva biopsicosocial .Kendall

Holt, Países Bajos (200Desarrollo Juvenil Positivo a través del Deporte

Howard Revista Británica de Medicina Deportiva, 35.

Johnson, P. (2015). Foundations of Taekwondo: Techniques and Philosophy. Martial Arts Press.

Jones, R. (2010). Learning martial arts through video: A comprehensive guide. Sports Education Journal, 18(4), 33-41.

Kabat-Zinn, J. (1990). Vivir en plena catástrofe: utilizar la sabiduría de su cuerpo y mente para afrontar el estrés, el dolor y la enfermedad. Delta.

Kelly, Gestión de Organizaciones Deportivas.

Kim, K. H. (2016). The evolution of Taekwondo: From martial art to Olympic sport. Sports History Review, 47(1), 22-35.

Kim, S. H. (2005). Taekwondo: The Ultimate Reference Guide. Turtle Press.

Kim, S. H., & Johnson, T. (2002). Taekwondo Kyorugi: Olympic Style Sparring. Los Angeles: Turtle Press.

Kim, Y. H., & Lee, H. J. (2015). Taekwondo Kyorugi: El Arte de Combate. Seúl: Taekwondo Times.

Kolt, G.Terapias Físicas en el Deporte y el Ejercicio . Elsevier

Kraemer, WJ Entrenamiento de fuerza para deportistas jóvenes. Kinet humano

Lee, K. H., & Ricke, B. (1999). Complete Taekwondo Poomsae: The Official Forms of Taekwondo. New York: Weatherhill.

Lee, S. J. (2008). The Art of Taekwondo. Houghton Mifflin.

Limmer, D. y O'Keefe, M. (200Cuidados de emergencia . Pearson Prent

Lowry, D. (199Tradiciones: ensayos sobre las artes y costumbres marciales japonesas.

Lystad, J. A. (2015). Injury prevention in Taekwondo: From science to practice. Sports Medicine, 45(6), 839-848.

Lystad, R.Revista Británica de Medicina Deportiva, 47 (7).

Mac Kay, M.,Estrategias de prevención de lesiones deportivas y recreativas: revisión sistemática y mejores prácticas. Prevención de lesiones, 10(1), 36-45.

Maff Lesiones deportivas pediátricas y adolescentes: biomecánica y tratamiento. Saltador

Mallén, Gestión de eventos en el deporte, la recreación y el turismo: dimensiones teóricas y prácticas. Rutledge.

Mann, DL y Jones, MT (199Revista de Educación Física, Recreación y Danza, 70 (6).

Mayer, R. E. (2009). Multimedia Learning. Cambridge University Press.

McRevista Británica de Medicina Deportiva, 47 (5).

Miller, TR Costos de la violencia juvenil: implicaciones políticas y estrategias. Prevención de lesiones.

Moskal, B.Valoración práctica, investigación y evaluación, 7 (1), 3.

Nakayama, M.Mejor Karate, Vol.1: Integral. Kodansha Internacional.

Negro, P. y Wiliam, D. (1998). Evaluación y aprendizaje en el aula. *Evaluación en educación: principios, políticas y prácticas,* 5 (1), 7-74.

Negro, P. y Wiliam, D. (1998). Evaluación y aula Evaluación en educación: principios, políticas y prácticas, 5 (1), 7-74.

Obispo, DC y Smith, M. (2011). Entrenamiento para la flexibilidad en el deporte. Medicina deportiva, 41 (2), 203-226.

Orlick, T. (2008) En busca de la excelencia: cómo ganar en el deporte y en la vida mediante el entrenamiento mental.

Panadero, J., CobleyProblemas de desarrollo en los deportes juveniles .Rutledge.

Panadero,Revista de Psicología del Deporte Aplicada, 15 (1).

Pfeiffer, R. Conceptos de Entrenamiento Atlético. Editores Jones y Bartlett.

Piaget, J. (1952). The Origins of Intelligence in Children. New York: International Universities Press.

Pinzón, C. Revista Británica de Medicina Deportiva, 44 (13).

Ram, N. y McCullagh, P. (2003). Práctica mental y aprendizaje de habilidades motoras en adultos mayores. The Journals of Gerontology Serie B: Ciencias Psicológicas y Ciencias Sociales, 58 (4), 157-165.

Rein, I., El aficionado esquivo: reinventar los deportes en un mercado abarrotado.

Revista de cirugía de trauma y cuidados intensivos, 66 (2), 316

Revista de investigación dental, 89

Rink, J. E. (2010). Teaching Physical Education for Learning*. McGraw-Hill.

Ristolainen, L., Heinonen, Revista europea de ciencias del deporte, 10 (6), 397-404.

Roberts, GC Comprensión de la dinámica de la motivación en el deporte y la actividad física: una interpretación del objetivo de logro.

Sadler, DR (1989). Evaluación formativa y diseño de sistemas instruccionales. Ciencias de la instrucción, 18 (2), 119-144.

Salón, S. (La importancia de seleccionar a los participantes adecuados para los programas de desarrollo deportivo. Humano

Schmidt, R. A., & Wrisberg, C. A. (2008). Motor Learning and Performance: A Situation-Based Learning Approach*. Human Kinetics.

Shank, M. (2005). Sports Marketing: A Strategic Perspective. Pearson Prentice Hall.

Sharma revista de Neurología Infantil, 28 (5).

Siedentop, D. (1991). Developing Teaching Skills in Physical Education. Mountain View, CA: Mayfield Publishing.

Silverman, S. (1993). Student Characteristics, Practice, and Achievement in Physical Education. Journal of Educational Research, 86(1), 5-10.

Skinner, B. F. (1953). Science and Human Behavior. New York: Macmillan.

Skinner, B. F. (1953). Science and Human Behavior. New York: Macmillan.

Smith, M. (2011). Taekwondo Techniques and Tactics. Martial Arts Publishing.

Sterkowicz-Przybycień, K. (2009). Equipment in martial arts training: An overview. Journal of Combat Sports and Martial Arts, 1(1), 17-22.

Stiggins, RJ (2005). De la evaluación formativa a la evaluación para el aprendizaje: un camino hacia el éxito en las escuelas basadas en estándares. Phi Delta Kappan, 87 (4), 324-328.

Thompson, W.R.Directrices del ACSM para pruebas y prescripción de ejercicio . Lippincott Williams y Wilkins.

Vallerand, RJ y Losier, GF (1999). Un análisis integrador de la motivación intrínseca y extrínseca en el deporte. Revista de Psicología del Deporte Aplicada, 11 (1), 142-169.

Valovich Mc Revista de entrenamiento atlético, 46 (2), 206.

Vealey, RSManual de Psicología del Deporte . Wiley.

Verde, Gestión Deportiva Europea Trimestral, 6 (3)

Vygotsky, L. S. (1978). Mind in Society: The Development of Higher Psychological Processes. Cambridge, MA: Harvard University Press.

Weinberg, RS y Gould, D. (2018). Fundamentos de la Psicología del Deporte y del Ejercicio . Cinética humana.

Weiss, MR Revista de Psicología del Deporte y Ejercicio, 24 (4)

Williams, A. Revista de Ciencias del Deporte, 23 (6)

Williams, T. (2017). Advanced Kicking Techniques for Taekwondo. Martial Arts Academy Press.

Yang Revista de Medicina y Ciencias del Deporte, 1 (2), 19-27.

Zatsiorsky, V. M., & Kraemer, W. J. (2006). Science and Practice of Strength Training. Champaign, IL: Human Kinetics.

Zemper, Revista Estadounidense de Medicina Deportiva, 38 (4)